"十三五"江苏省高等学校重点教材（编号：2018-1-166）

高等职业教育机械类专业系列教材

模具 CAD/CAM/CAE

第 2 版

（UG NX 12.0 和 Moldflow2018 版）

主　编　冯　伟
副主编　陈叶娣　曹　勇
参　编　陆建军　陈国亮
主　审　张金标

机械工业出版社

本书遵循职业能力培养的基本规律，基于模具设计与制造专业的岗位职业标准和工作过程，从工程应用出发，以典型零件和模具为载体，以 UG NX 12.0 和 Moldflow2018 为平台，介绍模具 CAD/CAM/CAE 的相关知识。

本书共 7 个项目，16 个任务，主要内容包括：模具零件及模具产品草图的绘制、塑料壳体和笔帽零件三维模型的创建、台虎钳和链板片冲孔落料复合模的装配、凸凹模零件图及弯曲模装配图的创建、面板及接插件模流分析、塑料制品注射模设计、肥皂盒型腔零件和护膝型芯零件数控加工。

为便于理解和学习，本书配套有相关的操作视频，扫描书中的二维码即可观看。同时，在中国大学 MOOC（慕课）平台上建有与本书配套的在线课程，便于线上自主学习。

本书可作为高等职业院校模具设计与制造专业及机械类相关专业的教学用书，也可供产品设计、模具设计等专业技术人员参考。

本书配套有电子课件及相关示例模型源文件，凡选用本书作为教材的教师可以登录机械工业出版社教育服务网（http://www.cmpedu.com），注册后免费下载。咨询电话：010-88379375。

图书在版编目（CIP）数据

模具 CAD/CAM/CAE/ 冯伟主编 . —2 版 . —北京：机械工业出版社，2021.12（2025.6 重印）
高等职业教育机械类专业系列教材
ISBN 978-7-111-70017-3

Ⅰ . ①模… Ⅱ . ①冯… Ⅲ . ①模具—计算机辅助设计—高等职业教育—教材 ②模具—计算机辅助制造—高等职业教育—教材
Ⅳ . ① TG76-39

中国版本图书馆 CIP 数据核字（2022）第 009465 号

机械工业出版社（北京市百万庄大街 22 号　邮政编码 100037）
策划编辑：于奇慧　　　　　责任编辑：于奇慧　陈　宾
责任校对：陈　越　张　薇　封面设计：马精明
责任印制：李　昂
涿州市般润文化传播有限公司印刷
2025 年 6 月第 2 版第 4 次印刷
184mm×260mm ・15.75 印张・397 千字
标准书号：ISBN 978-7-111-70017-3
定价：48.00 元

电话服务　　　　　　　　　网络服务
客服电话：010-88361066　　机　工　官　网：www.cmpbook.com
　　　　　010-88379833　　机　工　官　博：weibo.com/cmp1952
　　　　　010-68326294　　金　书　网：www.golden-book.com
封底无防伪标均为盗版　　　机工教育服务网：www.cmpedu.com

前　言

UG 是西门子公司开发的面向产品设计及加工领域的 CAD/CAM/CAE 软件，现已成为世界上流行的 CAD/CAM/CAE 软件之一。UG 至今已经推出了多个版本。每次发布的最新版本都代表着世界同行业制造技术水平的发展前沿，很多现代设计方法和理念都能较快地在新版本中反映出来。

Autodesk 公司为一家专业从事塑料成型计算机辅助工程分析（CAE）的跨国性软件和咨询公司。其下的产品 Moldflow 为优化制件和模具设计提供了一套整体解决方案。

结合党的二十大报告关于"推动制造业高端化、智能化、绿色化发展"的新要求，以高等职业院校模具设计与制造专业教学标准为依据，本书选取目前主流应用软件 UG 和 Moldflow，讲解两种软件的实际应用操作，力图满足专业能力培养目标的要求和符合工程实践的需求。同时，结合在校学生及工程技术人员的知识特点和接受能力，确定本书的编写目标与原则。

本书采用项目导向、任务驱动的编写模式，注重提高学生独立分析问题、解决问题的能力。全书由 7 个项目组成，项目 1 通过典型模具零件草图的绘制，介绍 UG 软件中草图命令的使用技巧；项目 2 通过对塑料壳体和笔帽零件三维模型的创建，介绍三维建模的基本方法；项目 3 将建好的零件在 UG 装配模块中进行装配，介绍自底向上的装配方法，以及创建装配爆炸图的方法；项目 4 针对已完成的模具零件三维模型，介绍如何在 UG 工程图模块中建立符合国家标准的零件图和装配图；项目 5 通过对面板及接插件的模流分析，介绍 Moldflow 模流分析的方法；项目 6 通过注射模的设计实例，介绍如何使用"注射模向导"对产品进行分模，以及在模架库及标准件库中调用所需部件的方法；项目 7 通过肥皂盒型腔零件及护膝型芯零件的数控加工实例，介绍 UG 加工模块中刀具路径的生成方法，以及如何对刀轨进行后置处理并自动生成驱动数控机床的 NC 程序。每个项目后都提供了相关的实践练习题，以便学生更深入地掌握相关知识。

本书以"全面贯彻党的教育方针，落实立德树人根本任务，培养德智体美劳全面发展的社会主义建设者和接班人"的精神为指引，在每个项目都设有知识目标、技能目标和素质目标，将知识学习、技能提升、素质培养融为一体。同时，本书在编写过程中注重理论与实践的结合，将科学的设计方法贯穿于工作过程的始终，通过实用性、针对性的训练，体现能力本位的原则。

本书可作为高等职业院校相关专业的教学用书，也可作为相关培训用教材，还可供模具设计等相关专业技术人员参考。

本书由冯伟任主编，陈叶娣、曹勇任副主编。具体编写分工为：项目 1 由陈国亮编写，项目 2、项目 4、项目 6 由冯伟编写，项目 3、项目 7 由曹勇、陈叶娣编写，项目 5 由陆建军编写。

本书在编写过程中得到了常州工利精机科技有限公司黄文波高级工程师和江苏华生塑业有限公司冯伟武工程师的大力支持和帮助,在此表示衷心的感谢!

  为了推进教育数字化,本书配套丰富的数字化资源,扫描书上的二维码即可观看相关的操作视频,同时,在中国大学 MOOC 平台建有与本书配套的在线课程,能够实现在线学习、测试与技术交流,为读者线上自主学习提供便利条件。

中国大学 MOOC

  由于编者水平有限,书中难免存在错误及疏漏之处,敬请广大读者批评指正。

编 者

目 录

前言

项目1 模具零件及模具产品草图的绘制 …………………………………… 1

- 1.1 工作任务 ……………………………………………………………… 1
- 1.2 相关知识 ……………………………………………………………… 2
  - 1.2.1 NX 12.0 的工作界面 …………………………………………… 2
  - 1.2.2 文件操作 ………………………………………………………… 3
  - 1.2.3 视图操作 ………………………………………………………… 4
  - 1.2.4 图层操作 ………………………………………………………… 5
  - 1.2.5 编辑操作 ………………………………………………………… 6
  - 1.2.6 草图 ……………………………………………………………… 7
  - 1.2.7 草图约束 ………………………………………………………… 14
- 1.3 任务实施 ……………………………………………………………… 16
  - 任务1 推块固定板草图的绘制 ……………………………………… 16
  - 任务2 冲压件草图的绘制 …………………………………………… 20
- 1.4 训练项目 ……………………………………………………………… 23

项目2 塑料壳体和笔帽零件三维模型的创建 …………………………… 24

- 2.1 工作任务 ……………………………………………………………… 24
- 2.2 相关知识 ……………………………………………………………… 25
  - 2.2.1 基准特征 ………………………………………………………… 25
  - 2.2.2 设计特征 ………………………………………………………… 27
  - 2.2.3 细节特征 ………………………………………………………… 32
  - 2.2.4 曲面构造 ………………………………………………………… 40
  - 2.2.5 曲线构造 ………………………………………………………… 44
- 2.3 任务实施 ……………………………………………………………… 47
  - 任务1 塑料壳体零件三维模型的创建 ……………………………… 47

任务2　笔帽零件三维模型的创建 …………………………………… 54
2.4　训练项目 ……………………………………………………………………… 69

项目3　台虎钳和链板片冲孔落料复合模的装配 ……………………………… 70

3.1　工作任务 ……………………………………………………………………… 70
3.2　相关知识 ……………………………………………………………………… 71
　　3.2.1　装配综述 …………………………………………………………… 71
　　3.2.2　装配导航器 ………………………………………………………… 72
　　3.2.3　装配方法 …………………………………………………………… 72
　　3.2.4　爆炸装配图 ………………………………………………………… 75
　　3.2.5　编辑组件 …………………………………………………………… 78
3.3　任务实施 ……………………………………………………………………… 80
　　任务1　台虎钳的装配 …………………………………………………… 80
　　任务2　链板片冲孔落料复合模的装配 ………………………………… 87
3.4　训练项目 ……………………………………………………………………… 100

项目4　凸凹模零件图及弯曲模装配图的创建 …………………………………… 101

4.1　工作任务 ……………………………………………………………………… 101
4.2　相关知识 ……………………………………………………………………… 103
　　4.2.1　工程图模块的特点 ………………………………………………… 103
　　4.2.2　工程图的管理 ……………………………………………………… 103
　　4.2.3　编辑工程图 ………………………………………………………… 105
　　4.2.4　添加视图 …………………………………………………………… 106
　　4.2.5　标注工程图 ………………………………………………………… 111
4.3　任务实施 ……………………………………………………………………… 116
　　任务1　凸凹模零件图的创建 …………………………………………… 116
　　任务2　弯曲模装配图的创建 …………………………………………… 121
4.4　训练项目 ……………………………………………………………………… 128

项目5　面板及接插件模流分析 ……………………………………………………… 130

5.1　工作任务 ……………………………………………………………………… 130
5.2　相关知识 ……………………………………………………………………… 131
　　5.2.1　Moldflow基本操作 ………………………………………………… 131
　　5.2.2　常用命令 …………………………………………………………… 134
　　5.2.3　浇注系统创建 ……………………………………………………… 139
　　5.2.4　冷却系统创建 ……………………………………………………… 141
　　5.2.5　网格 ………………………………………………………………… 142

		5.2.6 网格处理工具	143
		5.2.7 网格缺陷诊断	145
		5.2.8 分析	147
	5.3	任务实施	147
		任务1 接线盒面板浇口位置分析	147
		任务2 接插件冷却＋填充＋保压＋翘曲分析	152
	5.4	训练项目	163

项目6 塑料制品注射模设计 ······ 165

6.1	工作任务	165
6.2	相关知识	166
	6.2.1 "注塑模向导"工作界面	166
	6.2.2 模架设计	167
	6.2.3 标准件管理	168
	6.2.4 推出机构设计	169
	6.2.5 浇注系统设计	169
	6.2.6 冷却系统设计	170
	6.2.7 抽芯机构设计	172
	6.2.8 开腔设计	174
6.3	任务实施	174
	任务1 塑料方形饭盒分模	174
	任务2 电动剃须刀塑料盖分模	178
	任务3 电动车充电器上盖（两板式）注射模设计	182
	任务4 化妆品盖（三板式）模具设计	202
6.4	训练项目	219

项目7 肥皂盒型腔零件和护膝型芯零件数控加工 ······ 220

7.1	工作任务	220
7.2	相关知识	221
	7.2.1 NX 12.0 数控加工的一般步骤	221
	7.2.2 进入 NX 12.0 加工模块	221
	7.2.3 NX 12.0 中的 CAM 模块常用铣削类型	221
7.3	任务实施	226
	任务1 肥皂盒型腔零件数控加工编程	226
	任务2 护膝型芯零件数控加工编程	235
7.4	训练项目	242

参考文献 ······ 243

项目 1

模具零件及模具产品草图的绘制

◎**知识目标**

1)了解 NX 12.0 操作界面。
2)掌握 NX 12.0 常用工具的操作。
3)掌握草图的绘制方法。

◎**技能目标**

1)会正确使用 NX 12.0 常用工具。
2)绘制草图时会合理运用尺寸约束和几何约束。

◎**素质目标**

1)树立良好的规矩意识、职业素养。
2)有劳动观念。

1.1 工作任务

草图是与实体模型相关的 2D 图形,一般作为 3D 实体模型的基础。在 3D 空间中的任何一个平面内绘制草图曲线,并添加几何约束和尺寸约束,即可完成草图创建。草图的绘制是实体建模和曲面造型的基础,掌握这些基本操作并注意在实际应用中灵活应用,可为进一步使用 NX 12.0 打下良好的基础。在训练操作的过程中要树立和培养良好的规矩意识与职业素养。

本项目任务为图 1-1 所示推块固定板和图 1-2 所示冲压件草图的绘制。

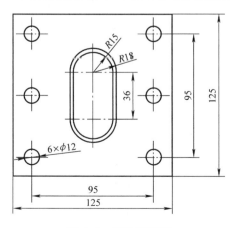

图 1-1 推块固定板

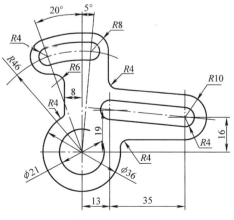

图 1-2 冲压件

1.2 相关知识

1.2.1 NX 12.0 的工作界面

选择"开始"→"所有程序"→"Siemens NX 12.0"→"NX 12.0",启动 NX 12.0。在功能区的"主页"选项卡中单击"新建"按钮,弹出"新建"对话框,在对话框中输入文件名称、文件保存路径,单击"确定"按钮,进入 NX 12.0 的工作界面,如图 1-3 所示。工作界面包括标题栏、菜单、功能区、导航器、绘图区、提示栏、状态栏等组成部分。

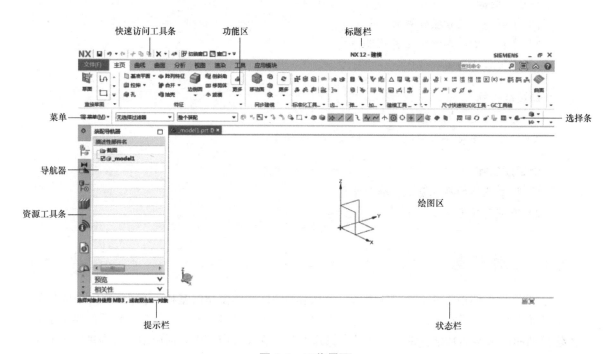

图 1-3 工作界面

1)标题栏:标题栏显示 NX 12.0 版本、当前模块和当前正在操作的部件文件名称。在标题栏的右侧,有几个工具按钮,如"最小化"按钮、"最大化"按钮和"关闭"按钮。

2)菜单:菜单包含了该软件的主要功能命令,在菜单中选择所需的命令。菜单由文件、编辑、视图、插入、格式、工具、装配、信息、分析、首选项、窗口、GC 工具箱和帮助共 13 个菜单项组成。

3)功能区:功能区用于显示 NX 12.0 的常用功能,是菜单中相关命令的快捷按钮(工具栏)的集合,巧用工具栏中的工具按钮可以提高命令的操作效率。

4)资源工具条:在资源工具条中包括装配导航器、约束导航器、部件导航器、重用库、HD3D 工具、Web 浏览器、历史记录、Process Studio、加工向导和角色等。在资源工具条中可以很方便地获取所需要的信息。初期使用 NX 12.0 软件时,若发现工作界面简化,菜单中命令缺失不全,则是系统默认了基本功能角色,需要时可打开资源工具条中的"角色"命令,单击"角色高级",调整为具备完整菜单功能的高级"角色"。

5）绘图区：绘图工作的主区域，在绘图模式中，工作区会显示光标选择球和辅助工具栏，以便进行建模工作。

6）提示栏：提示栏用于显示当前选项所要求的提示信息，这些信息提醒用户所需要进行的下一步操作，有利于用户对具体命令的使用。初学者要特别注意命令提示栏的相关信息。

7）状态栏：用于显示当前操作步骤的状态，或当前操作的结果。

注：如果喜欢经典的工作界面，可以按<Ctrl+2>快捷键或者单击"菜单"→"首选项"→"用户界面"命令，打开"用户界面首选项"对话框，然后在"NX 主题"中的"类型"选项卡中选择"经典，使用系统字体"选项，单击"确定"按钮，如图1-4所示。

图1-4 "用户界面首选项"对话框

1.2.2 文件操作

1. 新建文件

单击"文件"→"新建"按钮，快捷键为<Ctrl+N>，弹出"新建"对话框，选择新建零件的单位为毫米或英寸；在"名称"文本框中输入文件名，在"文件夹"文本框中输入文件放置路径，单击"确定"按钮。

注：NX 12.0 版本可以创建中文名的文件，可以打开中文路径中的模型文件。

2. 打开文件

单击"文件"→"打开"按钮，或单击"快速访问"工具条中的"打开"按钮，弹出"打开"对话框，选择已存部件的模型文件，单击"OK"按钮将其打开，或直接双击打开该文件。如果想要打开先前打开过的模型文件，在资源工具条中的"历史记录"中选择该文件即可。

3. 保存文件

1）单击"文件"→"保存"→"保存"命令，保存工作部件和任何已经修改的组件。

2）单击"文件"→"保存"→"另存为"命令，使用其他名称保存此工作部件。

3）单击"文件"→"保存"→"全部保存"命令，保存所有已经修改的部件和所有的顶级装配部件。

4. 关闭文件

1）单击"文件"→"关闭"→"选定的部件"命令，通过选择模型部件来关闭当前文件。

2）单击"文件"→"关闭"→"所有文件"命令，关闭程序中所有运行的和非运行的模型文件。

3）单击"文件"→"关闭"→"保存并关闭"命令，保存并关闭当前正在编辑的文件。

4）单击"文件"→"关闭"→"另存为并关闭"命令，将当前文件换名保存并关闭。

5）单击"文件"→"关闭"→"全部保存并关闭"命令，保存并关闭所有文件。

6）单击"文件"→"关闭"→"全部保存并退出"命令，保存所有文件并退出 NX 12.0 系统。

1.2.3 视图操作

1. 鼠标操作

鼠标操作

通过鼠标左键、右键和滚轮可以快速实现对基本视图的操作，如图1-5所示。

图1-5 鼠标示意图

2. 鼠标右键菜单

将光标放在绘图区域，单击鼠标右键，弹出图1-6所示对话框，视图操作功能见表1-1。

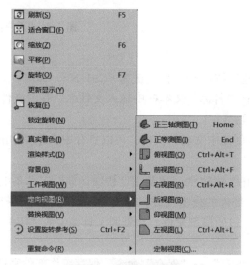

图1-6 鼠标右键菜单

表1-1 视图操作功能说明

选项	快捷键	说明
刷新	F5	刷新绘图窗口视图，在NX 12.0执行操作时，如果图形显示混乱或者不完全，可以应用此选项刷新当前视图
适合窗口	Ctrl+F	最大化显示所有图形到当前绘图屏幕
缩放	F6	以窗口方式放大所选择的矩形区域
放大/缩小	—	可以拖动光标动态缩放视图，向屏幕顶部拖曳光标会缩小视图，向屏幕底部拖曳光标可以放大视图
旋转	F7	应用此命令时，图形窗口中的光标变成旋转光标，此时可以拖动光标进行空间旋转
平移	—	可以拖动光标移动视图到屏幕的任何位置
恢复	—	在大多数情况下，可以恢复视图到其初始视图状态

（续）

选项	快捷键	说明
渲染样式	—	可以控制视图的着色方式： 带边着色 着色 线框模型 艺术外观 面分析 局部着色
隐藏线的 显示控制	—	带有淡化边的线框 带有隐藏边的线框 静态线框
定向视图	—	可以通过指定方位来改变视图的方向到一个标准视图，如仰视图、左视图，前视图等

1.2.4 图层操作

在建模过程中，可以将不同类型的对象置于不同的图层中，并可以方便地控制图层的状态，这可使复杂的设计过程具有条理性，提高设计效率。在 NX 12.0 中，一个模型部件可以包含 1～256 个层，层类似于透明的图纸，每个图层可放置各种类型的对象。通过图层可以隐藏和显示对象，提高可视化。

图层设置

1. 图层设置

单击"菜单"→"格式"→"图层设置"命令，系统弹出图 1-7 所示的"图层设置"对话框，可设置工作图层、可见和不可见图层，并定义图层的类别名称等。

工作图层：输入图层的编号后，按 <Enter> 键即可将该图层切换为当前工作图层。设定某个图层为工作图层后，其后的一些操作所建立的特征就属于该层。任何时候都必须有一图层为工作图层。

在图层状态列表框中选择某一图层，单击鼠标右键可改变图层的显示状态。

◆ 工作：此选项可用于将所指定的图层设为工作图层（仅可选取单一图层），并在图层号码右方显示文字"工作"，表示该图层为工作图层。

◆ 可选择：若图层状态为"可选择"时，系统允许选取属于该图层的对象，即该图层是开放的。

◆ 不可见：此选项可用于将所指定的图层的属性设定为不可见。当图层状态为"不可见"时，系统会隐藏所有属于该图层的对象，也不能选取该图层的对象。

2. 移动至图层

将选定的对象从其原图层移动到指定的图层中，原图层中不再包含这些对象。单击"菜单"→"格式"→"移动至

图 1-7 "图层设置"对话框

图层"命令,弹出"类选择"对话框,如图1-8所示;在对话框中选择要移动的对象,单击"确定"按钮,弹出"图层移动"对话框;在对话框中的"目标图层或类别"文本框中输入移动的目标层名称,或者在"图层"列表框中选择一个目标层,单击"确定"按钮,完成移动。

3. 复制至图层

将对象从一个图层复制到另一个图层。单击"菜单"→"格式"→"复制至图层"命令,弹出"类选择"对话框;选择要复制的对象,单击"确定"按钮,弹出"图层复制"对话框,如图1-9所示;在"图层复制"对话框中的"目标图层或类别"文本框中输入复制的目标层名称,单击"确定"按钮,完成复制。

图1-8 "类选择"对话框

图1-9 "图层复制"对话框

1.2.5 编辑操作

1. 对象的显示编辑

单击"菜单"→"编辑"→"对象显示"命令,系统弹出"类选择"对话框;利用该对话框选择要编辑显示方式的对象,然后单击"确定"按钮,弹出"编辑对象显示"对话框,如图1-10所示。

编辑对象显示

"编辑对象显示"对话框中的"常规"选项卡的相关参数的含义如下。

(1)"基本符号"选项组

◆ 图层:设置放置对象的图层,可指定1~256编号的图层名称。

◆ 颜色、线型和宽度:设置对象的颜色、线型和宽度等。

(2)"着色显示"选项组

◆ 透明度:设置所选对象的透明度,以便于用户观察对象的内部情况。

◆ 局部着色:选中"局部着色"复选框,可对所选对象进行部分着色。

◆ 面分析:选中"面分析"复选框,可对所选对象进行面分析。

(3)线框显示 设置实体或片体时,以线框显示在U和V方向的栅格数量。

2. 对象的隐藏

单击"菜单"→"编辑"→"显示和隐藏"→"显示和隐藏"命令,系统弹出"显示和隐藏"对话框，如图 1-11 所示。通过单击"+"或"-"按钮，显示或隐藏对象，使用非常方便。

3. 对象的删除

单击"菜单"→"编辑"→"删除"命令，弹出"类选择"对话框，选择需要删除的对象后，单击"确定"按钮即可。

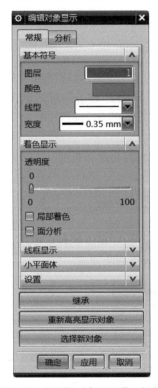

图 1-10 "编辑对象显示"对话框

图 1-11 "显示和隐藏"对话框

1.2.6 草图

1. 草图概述

草图是组成一个轮廓的曲线的集合，是一种二维成形特征。轮廓可以用于拉伸或旋转特征，可以用于定义自由形状特征的生成母线外形或过曲线片体的截面。

尺寸和几何约束可以用于建立设计意图及提供参数驱动，以改变模型。

2. 草图特点

◆ 在草图上创建的特征与草图相关，改变草图尺寸或几何约束将引起草图上所建特征的相应改变。

◆ 草图是一种二维设计特征，是构成实体模型的组成特征之一，所以它们被列于部件导航器中，由部件导航器支持的任何编辑功能对草图都是有效的。

3. 草图平面

在 NX 12.0 中，既可通过"主页"选项卡中的"直接草图"工具栏，在无须进入草图环境的情况下，直接进行草图的绘制，也可单击"菜单"→"插入"→"在任务环境中绘制草图"命令，或者单击"曲线"工具栏中的"在任务环境中绘制草图"按钮，进入草图环境并制作草图。系统会自动弹出"创建草图"对话框，如图1-12所示。在该对话框中可以设置工作平面。如果选择"自动判断"，则可以在绘图工作区中选择XC-YC、ZC-XC或ZC-YZ平面作为工作平面，也可以选择一个已经存在实体的某一平面作为草图的绘制平面。如果在对话框中选择"新平面"，则系统提供平面构造器来创建绘制平面。选择或创建平面后，单击"确定"按钮，就会进入草图模式。在同一个草图平面中创建的所有草图几何对象都属于同一草图。

4. 草图环境首选项

草图环境首选项可以更改标注尺寸时的文本高度、尺寸数值的表达方式及草图图素的颜色。单击"菜单"→"首选项"→"草图"命令，弹出"草图首选项"对话框，如图1-13所示。"草图首选项"对话框中的"草图设置"选项卡的相关参数的含义如下。

（1）尺寸标签　显示尺寸标注的样式，如图1-14所示。

◆ 表达式：以表达式的形式来表达尺寸值，包括变量名称和尺寸数值。

◆ 名称：仅显示尺寸变量名称。

◆ 值：仅显示尺寸数值。

（2）文本高度　标注尺寸的文本高度。

（3）创建自动判断约束　在进行草图绘制前，可以预先设置相应的约束类型。在绘制草图时，系统可自动判断相应的位置进行绘制，有效地提高草图绘制的速度。

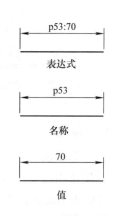

图1-12　"创建草图"对话框　　图1-13　"草图首选项"对话框　　图1-14　尺寸标注的样式

5. 建立草图对象

"直接草图"是在建模环境中创建草图，"在任务环境中绘制草图"是在草图任务环境中创建草图。下面介绍"在任务环境中绘制草图"环境中，利用图1-15所示的草图工具栏中的按钮，绘制草图曲线的方法。

图1-15　草图工具栏

（1）轮廓　在"曲线"组中单击"轮廓"按钮，将以线串模式创建一系列的直线与圆弧的连接几何图形。上一条曲线的终点变成下一条曲线的起点，当绘制一条曲线后，默认的下一命令是"直线"。若要绘制圆弧，则每绘制圆弧时都要单击一次"圆弧"按钮，否则系统将自动激活"直线"命令。单击"曲线"组中"轮廓"按钮，系统弹出"轮廓"对话框，如图1-16所示。

1）对象类型：绘制对象的类型。

◆ 直线：指绘制连续轮廓直线。在绘制直线时，若选择坐标模式，则每一条线段的起点和终点都以坐标显示；若选择参数模式，则可以直接输入线段的长度和角度来绘制线段。

◆ 圆弧：指绘制连续轮廓圆弧。

2）输入模式：参数的输入模式。

◆ XY坐标模式：以X、Y坐标的方式来确定点的位置。

◆ 参数模式：以参数模式确定轮廓线位置及距离。

如果要中断线串模式，单击鼠标滚轮或"轮廓"按钮，在文本框中输入数值，按<Tab>键，可以在不同文本框中切换编辑。

（2）直线　以约束推断的方式创建直线，每次都需指定两个点。其对话框如图1-17所示。可以在"XC""YC"文本框中输入坐标值或应用自动捕捉来定义起点。确定起点后，将激活直线的参数模式，此时可以通过在"长度""角度"文本框中输入值或应用自动捕捉来定义直线的终点。

图1-16　"轮廓"对话框　　　　图1-17　"直线"对话框

（3）矩形　在"曲线"组中单击"矩形"按钮，弹出"矩形"对话框，如图1-18所示。创建矩形的方式有3种。

◆ 以矩形的对角线上的两点创建矩形，如图1-19a所示。

◆ 用三点来定义矩形的形状和大小，第1点为起始点，第2点确定矩形的宽度和角度，第3点确定矩形的高度，如图1-19b所示。

◆ 此方式也是用三点来创建矩形，第1点为矩形的中心，第2点确定矩形的宽度和角度，它与第1点的距离为所创建的矩形宽度的一半，第3点确定矩形的高度，它与第2点的距离等于矩形高度的一半，如图1-19c所示。

（4）圆弧　通过三点或指定其中心和端点创建圆弧。

在"曲线"组中单击"圆弧"按钮，弹出"圆弧"对话框，如图1-20a所示。创建圆弧的方式有以下两种。

◆ 通过三点的圆弧，用三个点来创建圆弧。

◆ 通过圆心和端点创建的圆弧；以圆心和端点的方式创建圆弧。

图1-18　"矩形"对话框

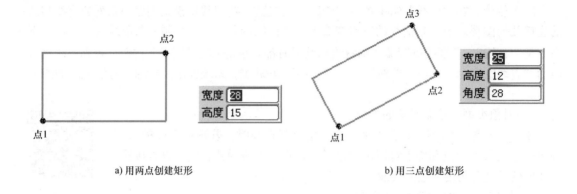

a) 用两点创建矩形　　　　　　　　b) 用三点创建矩形

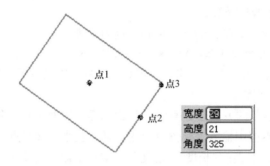

c) 从中心创建矩形

图 1-19　矩形的三种创建方式

（5）圆　通过指定三点或指定其圆心和半径来创建圆。在工具栏中单击按钮⊙，弹出"圆"对话框，如图 1-20b 所示。

a) "圆弧"对话框　　　　　　　　b) "圆"对话框

图 1-20　"圆弧"对话框和"圆"对话框

◆ 以中心和直径创建圆：指定中心点后，在"直径"文本框中输入圆的直径，按 <Enter> 键，完成圆的创建，如图 1-21a 所示。

◆ 通过三点创建圆：以三点的方式创建圆，如图 1-21b 所示。

（6）派生直线　利用"派生直线"命令，可以选取一条直线作为参考直线来生成新的直线。单击"曲线"组中的"派生直线"按钮，选取所需偏置的直线，然后在文本框中输入偏置值即可。当选择两条直线作为参考直线时，通过输入长度数值，可以在两条平行直线中间绘制一条与两条直线平行的直线，或绘制两条不平行直线所成角度的平分线。

（7）艺术样条　单击"曲线"组中的"艺术样条"按钮，弹出"艺术样条"对话框，如图 1-22 所示。创建艺术样条的方式有以下两种。

项目1 模具零件及模具产品草图的绘制

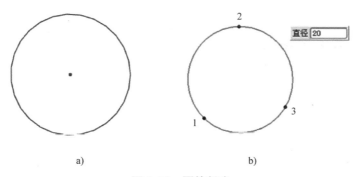

图 1-21 圆的创建

 通过点：创建的样条完全通过点，定义点可以捕捉存在的点，也可用光标直接定义点，如图 1-23a 所示。

 根据极点：用极点来控制样条的创建，极点数应比设定的阶次至少大1，否则将会创建失败，如图 1-23b 所示。

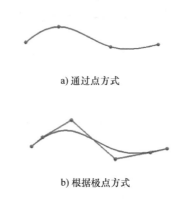

图 1-22 "艺术样条"对话框　　图 1-23 创建"艺术样条"的两种方式

（8）椭圆　在"曲线"组中单击"椭圆"按钮，弹出"椭圆"对话框，如图 1-24 所示。在对话框中指定椭圆中心点的位置，设置椭圆的各个参数，单击"确定"按钮，创建的椭圆如图 1-25 所示。

"椭圆"对话框中的参数含义如下。

◆ 大半径：椭圆的较长侧方向的半轴长度。
◆ 小半径：椭圆的较短侧方向的半轴长度。
◆ 起始角：开放椭圆的起始角度。
◆ 终止角：开放椭圆的终止角度。
◆ 旋转：以长半轴为水平方向定义一个旋转角度。

（9）几个方便快捷的草图画法

◆ 快速修剪 ：快速修剪曲线到自动判断的边界。

任意画线，只要与多余线段相交，则会自动修剪曲线到自动判断的边界，如图 1-26 所示。

几个方便快捷的草图画法

图 1-24 "椭圆"对话框

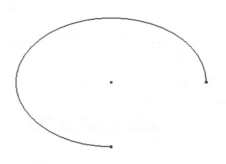

图 1-25 创建椭圆

a) 原始曲线　　　　　　　　b) 任意画线　　　　　　　　c) 修剪后结果

图 1-26 快速修剪

◆ 快速延伸：快速延伸曲线到自动判断的边界。

任意画线，则会自动延伸曲线到自动判断的边界，如图 1-27 所示。

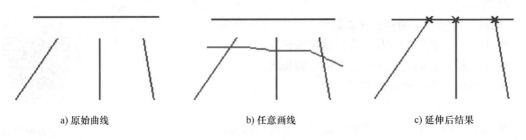

a) 原始曲线　　　　　　　　b) 任意画线　　　　　　　　c) 延伸后结果

图 1-27 快速延伸

◆ 草图圆角：给选中的两个或三个对象倒圆。

任意画线，与之相交的两边界便会自动倒圆，系统自动判断圆角大小，如图 1-28 所示。

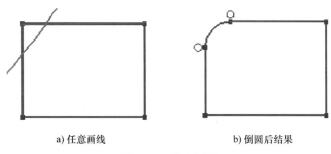

a) 任意画线　　　　　　　　b) 倒圆后结果

图 1-28　快速倒圆

（10）偏置曲线　即将草图平面上的曲线沿指定方向偏置一定距离而产生新曲线。单击"偏置曲线"按钮，弹出"偏置曲线"对话框，如图1-29所示；选择任意一特征线为"要偏置的曲线"，如整个草图被选中，然后进行参数设置，再单击"确定"按钮，偏置效果如图1-30所示。

"偏置曲线"对话框各选项的说明如下。

◆ 距离：偏置的距离。
◆ 反向：使用相反的偏置方向。
◆ 创建尺寸：勾选此项将创建一个偏置距离的标注尺寸。
◆ 对称偏置：在曲线的两侧都等距离偏置。
◆ 副本数：设定等距离偏置的数量。
◆ 端盖选项：设定如何处理曲线的拐角。

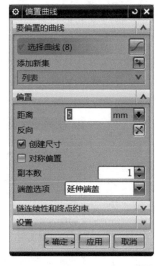

图 1-29　"偏置曲线"对话框

图 1-30　偏置曲线效果

（11）镜像曲线　镜像曲线适用于轴对称图形。单击"镜像曲线"快捷按钮，弹出图1-31所示的"镜像曲线"对话框。

◆ 中心线：可以是当前草图的直线，也可以是已有草图的直线或已有实体的边。
◆ 要镜像的曲线：曲线必须是在当前草图中绘制的曲线。
◆ 中心线转换为参考：勾选此项，则作为镜像中心线的直线将转换为中心线，此项只在使用当前草图直线作为中心线时才有效。

依次选择中心线和要镜像的曲线，如图1-32a所示，单击"确定"按钮，完成曲线的镜像，如图1-32b所示。

图1-31 "镜像曲线"对话框

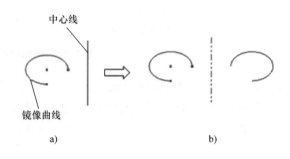

图1-32 镜像曲线

1.2.7 草图约束

建立草图对象后，需要对草图对象进行必要的约束。草图约束将限制草图的形状和大小。约束有两种类型：尺寸约束和几何约束。

尺寸约束就是对草图线条标注详细的尺寸，通过尺寸来驱动线条变化，用于限制对象的大小。几何约束就是对线条之间施加平行、垂直、相切等约束，充分固定线条之间的相对位置，用于限制对象的形状。

1. 尺寸约束

尺寸约束功能是限制草图的大小和形状。尺寸约束有五种约束类型。

快速尺寸：通过基于选定的对象和光标位置自动判断尺寸类型来创建尺寸约束。

线性尺寸：在两个对象或点位置之间创建线性距离约束。

径向尺寸：创建圆形对象的直径或半径约束。

角度尺寸：在两条不平行的直线之间创建角度约束。

周长尺寸：创建周长约束以控制选定直线和圆弧的总长度。

单击"菜单"→"插入"→"尺寸"→"快速"命令，或者选择"约束"组中的"快速尺寸"命令，弹出图1-33所示"快速尺寸"对话框，"快速尺寸"可选择的测量方法共有九种。

◆ 自动判断：选择该方式时，系统根据所选择的草图对象的类型和光标与所选对象的相对位置，采用相应的标注方法。当选择水平线时，采用水平尺寸标注方式；当选择垂直线时，采用竖直尺寸标注方式；当选择斜线时，则根据光标位置可按水平、竖直或者平行方式标注；当选择圆弧时，采用半径标注方式；当选择圆时，采用直径标注方式。

◆ 水平：选择该方式时，系统对所选择的对象进行水平方向的尺寸标注。在绘图区中选取一个对象或不同对象的两个点，

图1-33 尺寸约束

则用两点的连线在水平方向的投影长度进行尺寸标注。

- ◆ 竖直：选择该方式时，系统对所选对象进行竖直方向（平行于草图工作坐标的YC轴）的尺寸标注。标注该类尺寸时，选取同一对象或不同对象的两个控制点，用两点的连线在竖直方向的投影长度标注尺寸。
- ◆ 点到点：选择该方式时，系统对所选对象进行平行于对象的尺寸约束。标注该类尺寸时，选取同一对象或者不同对象的两个控制点，则用两点的连线的长度标注尺寸（标注两控制点之间的距离）。尺寸线平行于所选两点的连线方向。
- ◆ 垂直：选择该方式时，系统对所选的点到直线的距离进行约束。标注该类尺寸时，先选取一条直线，再选取一点，则系统用点到直线的垂直距离长度标注尺寸。尺寸线垂直于所选取的直线。
- ◆ 圆柱式：采用圆柱坐标对所选对象建立约束。
- ◆ 斜角：选择该方式时，系统对所选择的两条直线进行角度尺寸约束。标注该类尺寸时，一般在远离直线交点的位置选择两条直线，则系统会标注这两条直线之间的角度。
- ◆ 径向：选择该方式时，系统会对所选择的圆弧对象进行半径尺寸约束。标注该类尺寸时，先选取一圆弧，则系统直接标注圆弧的半径尺寸。在标注尺寸时，所选择的圆弧和圆，必须在草图中。
- ◆ 直径：选择该方式时，系统会对所选择的圆弧对象进行直径尺寸约束。标注该类尺寸时，先选取一圆弧直线，则系统直接标注圆弧的直径尺寸。在标注尺寸时，所选择的圆弧和圆必须在草图中。

2. 几何约束

几何约束用于建立草图对象的几何特性（如要求某一直线具有固定长度）或是两个或更多草图对象间的关系类型（如要求两条直线垂直或平行，或是几个弧具有相同的半径）。

几何约束

在UG系统中，几何约束的种类是多种多样的，常用的有以下几种。

- ◆ 水平：该类型定义直线为水平直线（平行于工作坐标的XC轴）。
- ◆ 竖直：该类型定义直线为垂直直线（平行于工作坐标的YC轴）。
- ◆ 固定：该类型是将草图对象固定在某个位置上。不同的几何对象有不同的固定方法，点一般固定在其所在的位置；线一般固定其方向或端点；圆或椭圆一般固定其圆心；圆弧一般固定其圆心或端点。
- ◆ 平行：该类型定义两条曲线相互平行。
- ◆ 垂直：该类型定义两条曲线彼此垂直。
- ◆ 等长：该类型定义选取的两条或多条曲线等长。
- ◆ 重合：该类型定义两个点或多个点重合。
- ◆ 共线：该类型定义两条或多条直线共线。
- ◆ 点在曲线上：该类型定义所选取的点在某曲线上。
- ◆ 同心：该类型定义两个或多个圆弧、椭圆弧的圆心相互重合。
- ◆ 相切：该类型定义选取的两个对象相切。
- ◆ 等半径：这类型定义选取的两个或多个圆弧等半径。

几何约束在图形区是可见的。通过单击"显示草图约束"按钮，可以看到所有几何约束;关闭"显示所有约束",可以使几何约束不可见。

3. 转换至/自参考对象

单击"转换为参考"按钮,转换曲线或草图尺寸从激活到参考,或从参考返回到激活。参考尺寸显示在草图中,但它不控制草图几何体。草图对象转换为参考对象后,线型会自动转变为双点画线。拉伸或旋转该草图时不使用它的参考曲线。

1.3 任务实施

任务 1 推块固定板草图的绘制

1)启动 NX 12.0,单击菜单栏中的"文件"→"新建"命令,打开"新建"对话框;在对话框的"名称"文本框中输入"推块固定板",并指定保存路径,如图 1-34 所示,单击"确定"按钮。

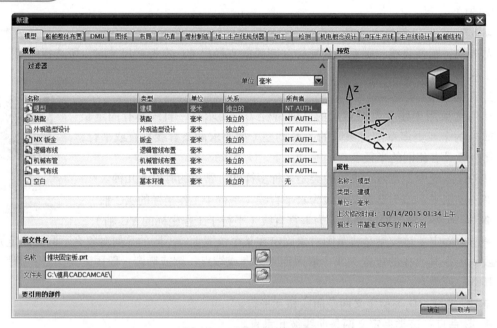

图 1-34 "新建"对话框

2)指定草图平面,单击"菜单"→"插入"→"在任务环境中绘制草图"命令,进入草图环境,弹出"创建草图"对话框,如图 1-35 所示;单击"确定"按钮,选择默认的草图平面和草图方向,此时草图平面如图 1-36 所示。

3)单击"草图工具"工具栏的"矩形"按钮▢,弹出图 1-37 所示"矩形"对话框。指定第一点坐标 XC=0,YC=0,第二点坐标 XC=62.5,YC=62.5,在第一象限区域单击鼠标左键,如图 1-38 所示。

项目1 模具零件及模具产品草图的绘制

图1-35 "创建草图"对话框

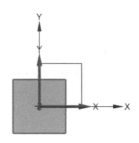

图1-36 草图平面

图1-37 "矩形"对话框

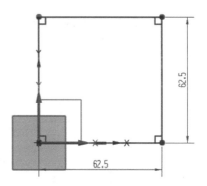

图1-38 创建矩形

4）单击"轮廓"按钮 ⌒，弹出图1-39所示"轮廓"对话框；输入XC=15，YC=0，该点作为线段的第1点，"输入模式"选择 ⌷，输入"长度"为"18"，按<Enter>键，接着输入"角度"为"90"，单击鼠标左键，完成直线创建，如图1-40所示。

图1-39 "轮廓"对话框

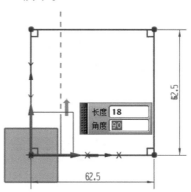

图1-40 创建直线

5）单击"圆弧"按钮 ⌒，输入"半径"为"15"，按<Enter>键，"扫掠角度"设为90°，单击鼠标左键后，再单击鼠标滚轮，关闭"轮廓"对话框，如图1-41所示，完成圆弧创建。

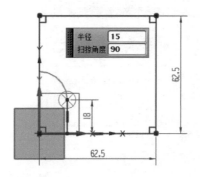

图 1-41 创建圆弧

6)单击"曲线"→"偏置曲线"按钮 ，弹出"偏置曲线"对话框,如图 1-42 所示。在偏置"距离"中输入"3","反向"使箭头向外,单击"确定"按钮。

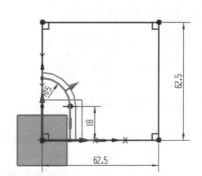

图 1-42 创建偏置曲线

7)单击"圆"按钮 ，弹出"圆"对话框;分别以圆心(47.5,47.5)和(47.5,0),直径为 12mm,创建两个圆,如图 1-43 所示。

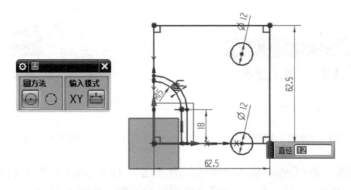

图 1-43 绘制两个圆

8)单击"约束"→"转换为参考"按钮，弹出"转换至/自参考对象"对话框;选择草图中的 X 轴和 Y 轴两条直线,将其转换为参考对象,如图 1-44 所示。

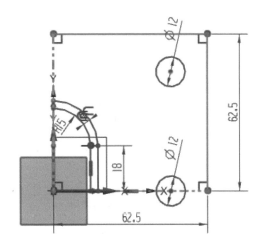

图 1-44　将直线转换为参考对象

9)单击"曲线"→"镜像曲线"按钮，弹出"镜像曲线"对话框,如图 1-45 所示;选择 Y 轴(参考对象)为镜像中心线,选择全部草图曲线为要镜像的曲线,单击"应用"按钮,草图曲线镜像结果如图 1-46 所示。同理,沿 X 轴再镜像草图,单击"确定"按钮,结果如图 1-47 所示。

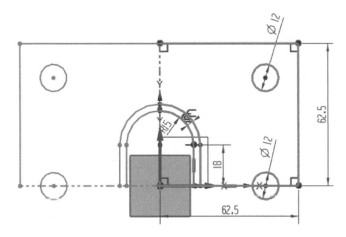

图 1-45　"镜像曲线"对话框　　　　图 1-46　第一次镜像曲线结果

10)单击"约束"→"快速尺寸"按钮，弹出"快速尺寸"对话框;添加尺寸,使草图完全约束后,如图 1-48 所示,单击"完成"按钮，完成草图绘制。

11)单击"菜单"→"编辑"→"显示和隐藏"→"显示和隐藏",弹出图 1-49 所示"显示和隐藏"对话框;单击"基准"后面的"－"按钮,隐藏基准坐标系,效果如图 1-50 所示。

12)在菜单栏中单击"文件"→"保存"命令,保存所绘草图。

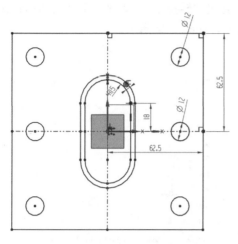

图 1-47 第二次镜像曲线结果

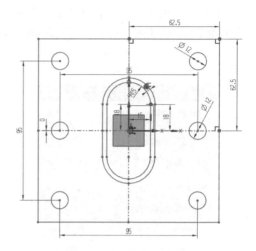

图 1-48 草图完全约束状态

图 1-49 "显示和隐藏"对话框

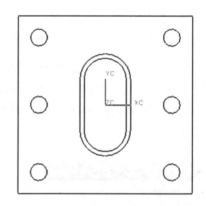

图 1-50 草图形状

任务 2 冲压件草图的绘制

冲压件草图的绘制

1）启动 NX 12.0，单击"主页"→"新建"按钮，打开"新建"对话框；在对话框的"名称"文本框中输入文件名为"冲压件"，并指定保存路径，单击"确定"按钮。单击"文件"→"实用工具"→"用户默认设置"按钮，弹出"用户默认设置"对话框；选择"草图"→"自动判断约束和尺寸"→"尺寸"，取消勾选"为键入的值创建尺寸"和"在设计应用程序中连续自动标注尺寸"，关闭"用户默认设置"对话框。单击"菜单"→"插入"→"在任务环境中绘制草图"命令，进入草图环境，弹出"创建草图"对话框；单击"确定"按钮，选择默认的草图平面和草图方向。

2）绘制参考线。单击"曲线"工具栏中的"直线"按钮 ⁄ ，直线的第一点坐标为（0，0），第二点到第一点的距离为 60mm，角度为 85°；第二条直线的第一点坐标为（0，0），第二点到第一点的距离为 60mm，角度为 110°。然后创建圆弧，单击"圆弧"按钮 ⌒ ，出现"圆弧"对话框，单击对话框中的按钮，选择圆弧中心坐标（0，0），圆弧半径为46mm，扫掠角度为60°，如图1-51所示。

3）创建圆。单击"圆"按钮◯，选择圆心坐标（0，0），创建直径分别为21mm和36mm的两个同心圆。捕捉交点1为圆心，如图1-52所示，创建直径分别为8mm和16mm的同心圆；捕捉交点2为圆心，创建直径分别为8mm和16mm的同心圆，如图1-53所示。选择圆心坐标（48，16），创建直径分别为8mm和20mm的两个同心圆；选择圆心坐标（13，19），创建直径为8mm的圆，如图1-54所示。

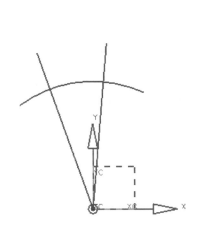

图1-51　绘制参考线

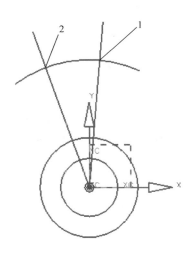

图1-52　捕捉交点为圆心

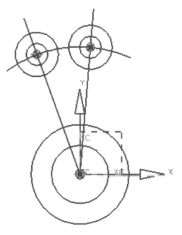

图1-53　创建圆

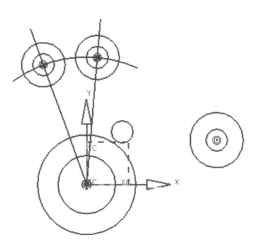

图1-54　创建圆

4）创建圆弧。单击"圆弧"按钮，出现"圆弧"对话框；单击对话框中的按钮，选择圆弧中心坐标为（0，0），圆弧半径捕捉图1-55所示交点1和交点2，创建一条圆弧；同理，选择圆弧中心坐标（0，0），圆弧半径捕捉交点3和交点4；选择圆弧中心坐标（0，0），圆弧半径捕捉交点5和交点6，形成的圆弧如图1-56所示。

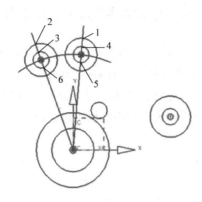

图 1-55 创建圆弧需捕捉的交点

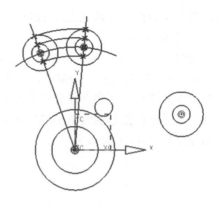

图 1-56 创建圆弧

5)创建直线。单击"直线"按钮，第 1 条直线的第一点坐标为（-8，10），第二点输入长度为 28mm，角度为 90°；第 2 条直线第一点捕捉圆的象限点，第二点输入长度为 20mm，角度为 270°，如图 1-57 所示；同理，创建第 3、4、5 条直线，如图 1-58 所示。

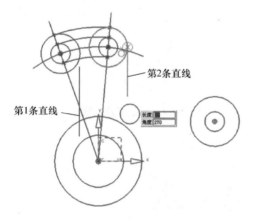

图 1-57 创建第 1 和第 2 条直线

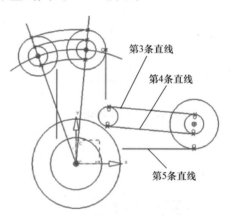

图 1-58 创建第 3、4、5 条直线

6)偏置直线。单击"派生直线"按钮，选择第 3 条直线，向上偏置 6mm，如图 1-59 所示。

7)倒圆角。单击"圆角"按钮，在图 1-60 所示各部位倒圆角。

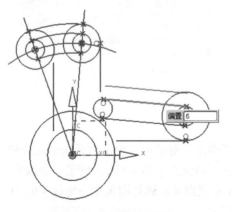

图 1-59 创建派生直线

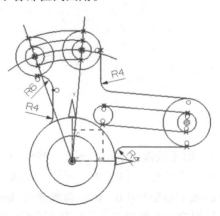

图 1-60 倒圆角

8)修剪。单击"快速修剪"按钮，去除多余的曲线，如图1-61所示。

9)单击"完成"按钮，完成草图绘制。

10)单击"编辑"→"显示和隐藏"→"显示和隐藏"命令，弹出"显示和隐藏"对话框；单击"坐标系"后面的"-"按钮，隐藏基准坐标系，效果如图1-62所示。

11)在菜单栏中单击"文件"→"保存"命令，保存所绘草图。

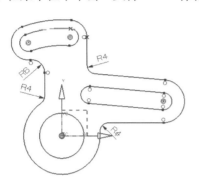

图1-61 修剪后的草图

图1-62 完成的草图效果

1.4 训练项目

绘制图1-63所示的三个草图。

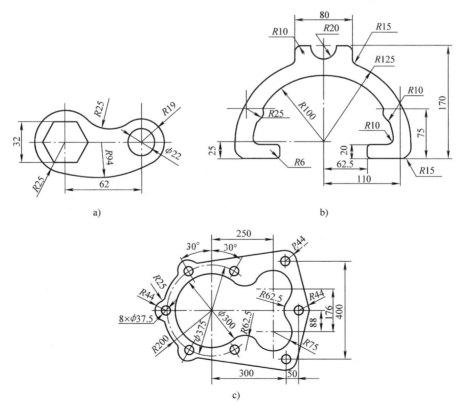

图1-63 草图曲线

项目 2

塑料壳体和笔帽零件三维模型的创建

◎知识目标
1) 掌握建模需要的基准特征和设计特征命令。
2) 掌握细节特征和曲面构造命令。
3) 掌握特征编辑的方法。

◎技能目标
1) 会根据零件图形选择合理的命令完成三维实体零件的造型。
2) 会对模具典型零件进行建模。
3) 会对三维模型进行编辑。

◎素质目标
1) 具有人文情怀，审美情趣。
2) 树立创新精神，乐学善学、终身学习的理念。

2.1 工作任务

建模模块是 NX 12.0 中的核心模块，利用它可以自由地表达设计思想和进行创造性的改进设计，从而获得良好的造型效果并提高造型效率。本项目的建模任务是完成壳体和笔帽制品（图 2-1）的三维建模。在掌握建模的相关知识后，建立正确建模思路，综合运用各种建模技巧，并在完成任务过程中提高审美情趣，树立创新精神。

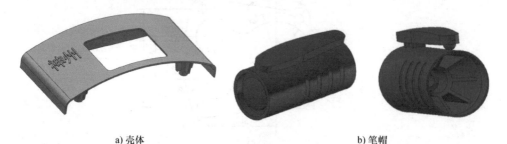

a) 壳体　　　　　　　　　　　　b) 笔帽

图 2-1　制品图

2.2 相关知识

2.2.1 基准特征

基准特征是用户为了生成一些复杂特征而创建的辅助特征。它主要用来为其他特征提供放置和定位参考。基准特征主要包括基准平面、基准轴和基准坐标系。

1. 基准平面

单击"菜单"→"插入"→"基准/点"→"基准平面"命令，或单击"主页"选项卡，再单击"特征"工具栏中的"基准平面"按钮□，打开图 2-2 所示的"基准平面"对话框；根据设计需要，指定类型、要定义平面的对象、平面方位和偏置。

在"基准平面"对话框中，"类型"下拉列表中提供的类型选项如图 2-3 所示。

基准平面

图 2-2 "基准平面"对话框

图 2-3 用于创建基准平面的类型选项

- ◆ **自动判断**：根据选取对象可自动生成各基准平面。
- ◆ **按某一距离**：选择某平面，并输入距离值，得到偏置基准平面。
- ◆ **成一角度**：选择参考平面及旋转轴，则所选平面绕选定的旋转轴旋转成指定角度。
- ◆ **二等分**：选择两平面，生成中置面。
- ◆ **曲线和点**：利用点和曲线创建基准平面。
- ◆ **两直线**：生成的基准平面通过两条所选直线。
- ◆ **相切**：选择某曲面，并指定点，生成通过点且相切于指定面的基准平面。
- ◆ **通过对象**：选择某曲面，并指定点，生成与所选平面重合的基准平面。
- ◆ **点和方向**：选择点和方向，生成基准平面。
- ◆ **曲线上**：选择曲线上的某点，生成与曲线所在平面垂直、重合的基准平面。
- ◆ **视图平面**：创建平行于视图平面并穿过绝对坐标（ACS）原点的固定基准平面。

也可以选择 YC-ZC 平面、XC-ZC 平面、XC-YC 平面为基准平面。

2. 基准轴

单击"菜单"→"插入"→"基准/点"→"基准轴"命令，弹出图 2-4 所示的"基准轴"

对话框。该对话框提供了以下几种创建基准轴的方法。

- ♦ 自动判断：根据所选的对象确定要使用的最佳基准轴类型。
- ♦ 交点：在两个面的相交处创建基准轴。
- ♦ 曲线/面轴：沿线性曲线，线性边，圆柱面、圆锥面或环的轴创建基准轴。
- ♦ 曲线上矢量：创建与曲线或边上的某点相切、垂直或双向垂直，或者与另一对象垂直或平行的基准轴。
- ♦ XC轴：沿工作坐标系的XC轴创建固定基准轴。
- ♦ YC轴：沿工作坐标系的YC轴创建固定基准轴。
- ♦ ZC轴：沿工作坐标系的ZC轴创建固定基准轴。
- ♦ 点和方向：选择点和直线，生成通过所选点且与直线平行或垂直的基准轴。
- ♦ 两点：生成依次通过两选择点的基准轴。

图2-4 "基准轴"对话框

3. 基准坐标系

单击"菜单"→"插入"→"基准/点"→"基准坐标系"命令，弹出图2-5所示"基准坐标系"对话框。在"类型"选项组的下拉列表中选择其中一种所需的类型选项。根据所选类型，进行相关设置。

在绘图过程中，可以根据需要建立不同位置、不同方位坐标轴的基准坐标系，多余的基准坐标系也可以删除，因此基准坐标系具有多个和可变性的特点。

图2-5 "基准坐标系"对话框

2.2.2 设计特征

1. 拉伸

拉伸特征是指截面图形沿指定方向拉伸一段距离所创建的特征。

单击"菜单"→"插入"→"设计特征"→"拉伸"命令，或者单击"特征"工具栏中的"拉伸"按钮 ，弹出图2-6所示的"拉伸"对话框。

1）表区域驱动：指定要拉伸的曲线或边。

绘制截面：进入草图，定义草图平面，绘制拉伸截面曲线。

曲线：选择截面的曲线，利用边或面进行拉伸。

2）方向：设定拉伸方向。单击"矢量构造器" 定义矢量，也可以采用"自动判断的矢量" ，单击其右侧的下拉箭头可以进行选择；单击 可以反转拉伸方向。

3）设置拉伸限制参数值。

◆ 值：距离的"零"位置是沿拉伸方向，定义在所选剖面或几何体所在面，分别定义开始距离与结束距离的数值。开始距离与结束距离可以定义为负值。

◆ 直至下一个：沿拉伸方向，直到下一个面为终止位置。

◆ 直至选定：沿拉伸方向，直到下一个被选定的终止面位置。

图2-6 "拉伸"对话框

◆ 对称值：将开始距离转换为与结束距离相同的值。

◆ 贯通：对于要打穿多个体，该命令最为方便。

4）布尔：选择"布尔"命令，以设置拉伸实体与原有实体之间的关系。

5）拔模："拔模"选项可以在生成拉伸特征的同时，对面进行拔模。拔模角度可正可负。

6）偏置：在"偏置"选项组中定义偏置选项及相应的参数，以获得特定的拉伸效果。下面用结果图例对比的方式展现4种偏置选项（"无""单侧""两侧"和"对称"）的差别效果，如图2-7所示。

拉伸

2. 旋转

单击"菜单"→"插入"→"设计特征"→"旋转"命令，或单击"特征"工具栏中的"旋转"按钮 ，弹出"旋转"对话框，如图2-8所示。该对话框中的选项与"拉伸"对话框中的各选项的意义相似。

选择或创建草图（曲线），设置旋转轴矢量和旋转轴的定位点，再输入"限制"参数，设置"偏置"方式，进行旋转。进行无偏置旋转时，旋转截面为非封闭曲线且旋转角度小于360°，可得片体，如图2-9所示。

3. 孔

单击"菜单"→"插入"→"设计特征"→"孔"命令，或单击"特征"工具栏中的"孔"按钮 ，弹出"孔"对话框，如图2-10所示。

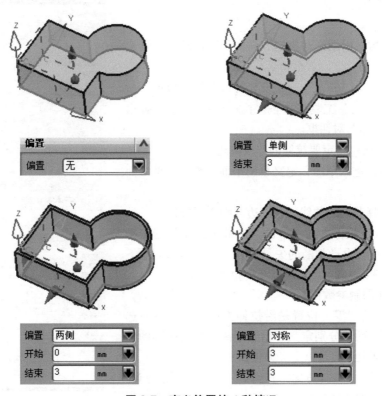

图 2-7 定义偏置的 4 种情况

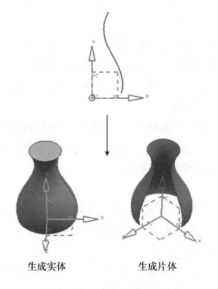

图 2-8 "旋转"对话框　　　　图 2-9 创建旋转特征

◆ 类型：可在部件中添加不同类型孔的特征。

◆ 位置：指定孔的中心。

◆ 方向：指定孔方向。

◆ 形状和尺寸：根据孔的不同类型，确定不同形状的孔及其尺寸参数。其中"常规孔"最为常用，孔特征包括简单孔、沉头孔、埋头孔和锥孔4种成形方式。

1）简单孔：以指定的直径、深度和顶锥角生成一个简单的孔，如图2-11所示。

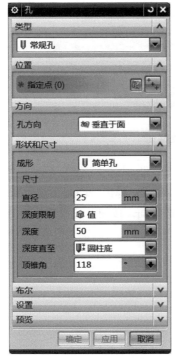

图2-10 "孔"对话框

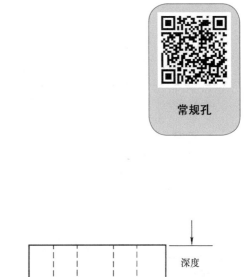

图2-11 简单孔

2）沉头孔：指定孔的直径、孔的深度、顶锥角、沉头直径和沉头深度生成沉头孔，如图2-12所示。

3）埋头孔：指定孔的直径、孔的深度、顶锥角、埋头直径和埋头角度生成埋头孔，如图2-13所示。

4）锥孔：指定孔的直径、锥角和深度生成锥孔。

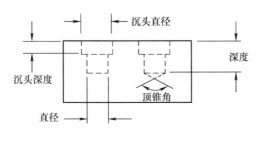

图2-12 沉头孔

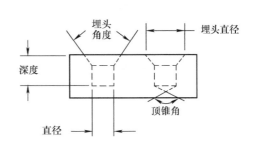

图2-13 埋头孔

4. 垫块

单击"菜单"→"插入"→"设计特征"→"垫块"（原有）命令，打开"垫块"对话框。单击"矩形"按钮，选择放置面，定义水平参考，在出现的"矩形垫块"对话框中定义参数，如图 2-14 所示。单击"确定"按钮，在弹出的"定位"对话框中定义定位尺寸，单击"确定"按钮，完成垫块创建。

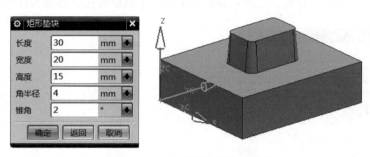

图 2-14　矩形垫块参数定义

5. 凸起

单击"菜单"→"插入"→"设计特征"→"凸起"命令，弹出"凸起"对话框，如图 2-15 所示。"表区域驱动"选择图 2-16 所示截面曲线；单击"选择面"按钮，选择要凸起的面；在"端盖"选项组中设置"几何体"为"凸起的面"，"位置"为"偏置"，"输入"距离为"5"，单击"确定"按钮。

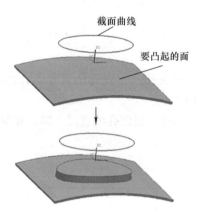

图 2-15　"凸起"对话框　　　　图 2-16　创建凸起操作

6. 槽

"槽"选项可使车削操作中一个成形刀具在旋转部件上向内（从外部定位面）或向外（从内部定位面）移动，从而在实体上生成一个沟槽。该选项只在圆柱形或圆锥形的面上起作用。

旋转轴是选中面的轴。沟槽在选择点附近生成并自动连接到选中的面上。可以选择一个外部的或内部的面作为沟槽的定位面，沟槽的轮廓对称通过平面并垂直于旋转轴。

单击"菜单"→"插入"→"设计特征"→"槽"命令，弹出图 2-17 所示的"槽"对话框。通过该对话框可创建矩形、球形端槽和 U 形槽三种类型的槽。在该对话框中选择槽的类型后，选择放置面（圆柱面或圆锥面），设置槽的特征参数，然后进行定位，输入位置参数，再单击"确定"按钮，完成槽的创建。

图 2-17 "槽"对话框

1) 矩形槽。矩形槽的参数定义如图 2-18 所示，需要有两个参数，分别为槽直径和宽度。

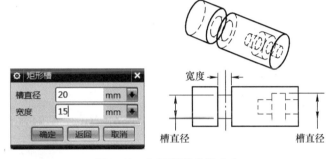

图 2-18 矩形槽的参数定义

2) 球形端槽。球形端槽的参数定义如图 2-19 所示，需要定义槽直径和球直径两个参数。

3) U 形槽。U 形槽的参数定义如图 2-20 所示，需要定义槽直径、宽度和角半径。U 形槽的宽度应大于两倍的角半径。

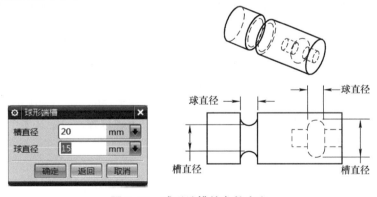

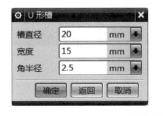

图 2-19 球形端槽的参数定义

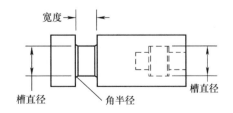

图 2-20 U 形槽的参数定义

2.2.3 细节特征

1. 边倒圆

在建模模块中,单击"菜单"→"插入"→"细节特征"→"边倒圆"命令,或单击"主页"选项卡,再单击"特征"工具栏中的"边倒圆"按钮,可以将选择的实体的边缘线变为圆角过渡。"边倒圆"对话框如图 2-21 所示。

(1)创建半径恒定的边倒圆 单击"边倒圆"命令后选择要倒圆的边,并在"半径 1"文本框中输入边倒圆的半径值,单击"确定"按钮,结果如图 2-22 所示。

边倒圆

图 2-21 "边倒圆"对话框

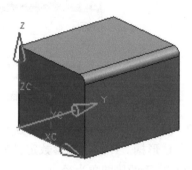

图 2-22 半径恒定边倒圆

(2)创建可变半径的边倒圆 单击"边倒圆"命令,然后选择实体的一条或多条边缘线,展开"变半径"选项组;再单击按钮,弹出"点"对话框,或者单击右侧的下拉箭头,从列表中选择点类型;指定可变点后,在对话框中设定"V 半径 2"和"弧长百分比"来确定倒圆半径和可变半径的位置,也可以在绘图区直接拖拉可变半径的圆心(实心圆点)及箭头来改变可变半径点的位置和倒角半径,如图 2-23 所示。重复上述过程,可定义多个可变半径点。最后单击"应用"按钮即可。

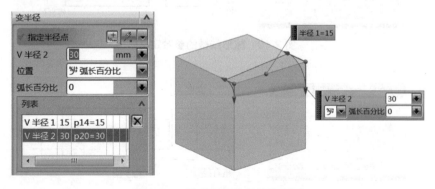

图 2-23 创建可变半径的边倒圆

2. 倒斜角

在建模模块中，单击"菜单"→"插入"→"细节特征"→"倒斜角"命令，或单击"主页"选项卡，再单击"特征"工具栏中的"倒斜角"按钮，可以在实体上创建简单的斜边。"倒斜角"对话框如图2-24所示。该对话框中提供了3种倒角方式。

倒斜角

（1）对称　从选择边开始沿着两表面上的偏置距离是相同的，如图2-25所示。

（2）非对称　从选择边开始沿着两表面上的偏置距离不相等，需要指定两个偏置距离，如图2-26所示。

图2-24　"倒斜角"对话框

图2-25　对称偏置

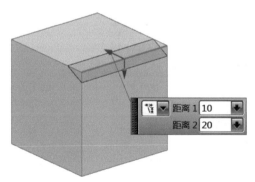

图2-26　非对称偏置

（3）偏置和角度　从选择边开始沿着两表面上的偏置距离不相等，需要指定一个偏置距离和一个角度，如图2-27所示。

3. 拔模

在模具设计中，为了脱模的需要，必须将直边沿开模方向添加一定的锥角。通过"拔模"命令，可以相对于指定矢量和可选的参考点将拔模应用于面或边。

单击"菜单"→"插入"→"细节特征"→"拔模"命令，或单击"主页"选项卡，单击"特征"工具栏中的"拔模"按钮，弹出图2-28所示的"拔模"对话框。

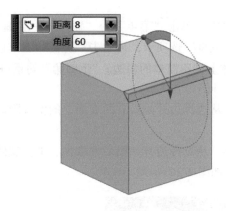

图 2-27 偏置和角度

（1）"面"拔模 在执行面拔模时，固定平面（或称拔模参考点）定义了垂直于拔模方向的拔模面上的一个截面，实体在该截面上不因拔模操作而改变。

操作步骤：拔模的"类型"选择"面"，指定 Z 轴为脱模方向，选择底平面为固定面，侧面为拔模面，设定拔模角度，然后单击"确定"按钮，完成拔模，结果如图 2-29 所示。

图 2-28 "拔模"对话框

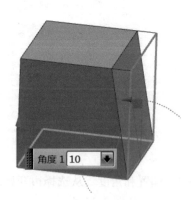

图 2-29 "面"拔模

在相同的拔模面、脱模方向及拔模角度的情况下，固定平面对拔模结果的影响是十分明显的，如图 2-30 所示。

使用同样的脱模方向和固定平面拔模内部面（型腔）和外部面（凸台），其结果是相反的，如图 2-31 所示。

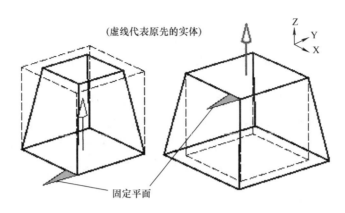

图 2-30 固定平面对拔模结果的影响

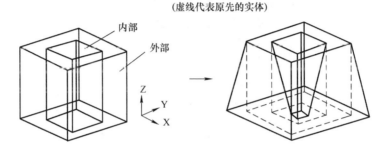

图 2-31 "凸台"与"型腔"不同的拔模结果

(2)"边"拔模 通常情况下,当需要拔模的边不包含在垂直于膜脱方向的平面内时,这个选项非常有用。"类型"选择"边",选择 Z 轴为脱模方向,选择下表面边缘为固定边,设定拔模角度,然后单击"确定"按钮,结果如图 2-32 所示。

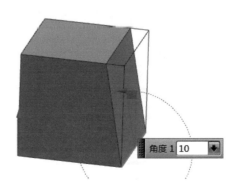

图 2-32 "边"拔模

4. 抽壳

抽壳

即根据指定的壁厚值抽空实体。单击"菜单"→"插入"→"偏置/缩放"→"抽壳"命令,弹出图2-33所示"抽壳"对话框。抽壳操作有两种类型。

(1)移除面,然后抽壳 即通过在实体上选择要移除的面并设置厚度的方式抽壳。先选择要移除的面,然后采用默认厚度,结果如图2-34所示。

(2)对所有面抽壳 该方式其实是将整个实体生成一个没有开口的空腔。先选择整个实体,然后采用默认厚度,结果如图2-35所示。

  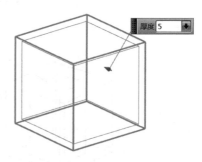

图2-33 "抽壳"对话框　　图2-34 "移除面,然后抽壳"类型　　图2-35 "对所有面抽壳"类型

5. 抽取几何特征

"抽取几何特征"操作可通过复制一个面、一组面或一个实体来创建体。单击"菜单"→"插入"→"关联复制"→"抽取几何特征"命令,弹出图2-36所示的"抽取几何特征"对话框;"类型"选项组中常用的有"面""面区域"和"体"等选项。

(1)面 该选项可以将选取的实体或片体表面抽取为片体。例如,抽取类型为"面",在提示下选择面参照,在"设置"选项组中勾选"隐藏原先的"和"关联"复选框,单击"确定"按钮,结果如图2-37所示。

抽取几何特征

 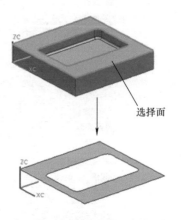

图2-36 "抽取几何特征"对话框　　图2-37 抽取单个面

（2）面区域 该选项可以在实体中选取种子面和边界面。种子面是区域中的起始面，边界面是用来对选取区域进行界定的一个或多个表面，即终止面。选择"类型"中的"面区域"选项，然后选择图 2-38 所示的腔体底面表面为种子面，选取上表面为边界面，在"设置"选项组中勾选"隐藏原先的"和"关联"复选框，单击"确定"按钮，即可创建抽取面区域的片体特征。

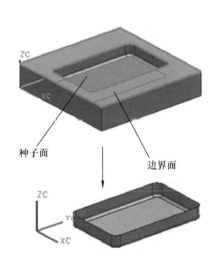

图 2-38 抽取面区域

（3）体 该选项可以对选择的实体或片体进行复制操作，复制的对象和原来对象相关。

6. 阵列特征

在建模模块中，单击"菜单"→"插入"→"关联复制"→"阵列特征"命令，弹出"阵列特征"对话框，如图 2-39 所示。可以根据现有特征创建线性阵列和圆形阵列。

（1）线性阵列 在弹出的"阵列特征"对话框中单击"选择特征"，选择已有模型（图 2-40）中的孔，在"布局"下拉列表中选择"线性"选项，在"边界定义"选项组中的"方向 1"子选项组中"指定矢量"选择"XC"，"间距"设置为"数量和间隔"，"数量"为"3"，"节距"为"25"；在"方向 2"子选项组中勾选"使用方向 2"复选框，"指定矢量"选择"YC"，"间距"设置为"数量和间隔"，"数量"为"2"，"节距"为"40"；单击"确定"按钮，完成线性阵列操作，结果如图 2-41 所示。

（2）圆形阵列 在弹出的"阵列特征"对话框中单击"选择特征"，选择已有模型（图 2-42）中的孔，在"布局"下拉列表中选择"圆形"选项，在"旋转轴"选项组中"指定矢量"选择"ZC"，在"指定点"下拉列表中单击"圆弧中心/椭圆中心/球心"，并在模型中选择外圆的边，设置圆心为指定点，在"斜角方向"选项组中设置"间距"为"数量和间隔"，"数量"为"7"，"节距角"为"360/7"，如图 2-43 所示；单击"确定"按钮，结果如图 2-44 所示。

7. 镜像特征

镜像特征操作可以通过基准平面或平面镜像选定的特征，以创建对称的模型。操作步骤：单击"菜单"→"插入"→"关联复制"→"镜像特征"命令，弹出"镜像特征"对话框，如

图 2-45 所示。选择要镜像的特征（如圆柱和简单孔），再单击"镜像平面"，选择圆柱上平面为镜像平面，单击"确定"按钮，完成操作。结果镜像了圆柱和简单孔两个特征，圆形阵列特征没有镜像，如图 2-46 所示。

图 2-39 "阵列特征"对话框

图 2-40 已有模型

图 2-41 矩形阵列效果

阵列特征

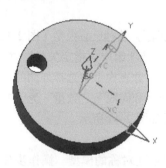

图 2-42 已有模型

图 2-43 圆形阵列设置

图 2-44 圆形阵列效果

图 2-45 "镜像特征"对话框　　图 2-46 创建镜像特征示例

8. 镜像几何体

镜像几何体操作可以通过基准平面镜像选定的体。操作步骤：单击"菜单"→"插入"→"关联复制"→"镜像几何体"命令，弹出"镜像几何体"对话框，如图 2-47 所示。选择要镜像的几何体，并在"镜像平面"选项组中选择 XC-YC 基准平面，单击"确定"按钮，结果如图 2-48 所示。

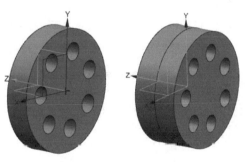

图 2-47 "镜像几何体"对话框　　图 2-48 创建镜像体示例

9. 修剪体

修剪体操作可以用实体表面、基准平面或其他几何体修剪一个或多个目标体。如果使用片体来修剪实体，则此面必须完全贯穿实体，否则无法完成修剪操作。修剪后仍然是参数化实体。单击"菜单"→"插入"→"修剪"→"修剪体"命令，弹出"修剪体"对话框，如图 2-49 所示。在绘图区中单击选择长方体为目标体，单击"选择面或平面"，指定曲面为工具，可单击"反向"按钮，反向选择要移除的实体，效果如图 2-50 所示。

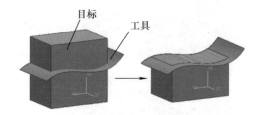

图 2-49 "修剪体"对话框　　　　　图 2-50 创建修剪体

10. 拆分体

通过拆分体操作可以用面、基准平面或其他几何体把一个实体分割成多个实体。原来的特征将不复存在，即分割后的实体将不能再进行参数化编辑，因此该命令属于非参数化操作命令，要尽量少用或不用。拆分体的操作与修剪体的操作基本相同。

2.2.4 曲面构造

曲面造型功能是 UG 系统中 CAD 模块的重要组成部分。设计时，只使用实体特征建模方法就能够完成设计的产品是有限的，绝大多数实际产品的设计都离不开曲面特征的构建。这里主要介绍常用的几个创建曲面命令的操作方法。

1. 直纹

"直纹"命令可以通过两条截面线串生成片体或实体。每条截面线串可以由多条连续的曲线、体边界组成。单击"曲面"选项卡，在"曲面"工具栏中单击"直纹"按钮，弹出图 2-51 所示的"直纹"对话框。选择截面线串 1 后，单击鼠标滚轮结束选择；再选择截面串 2，单击鼠标滚轮结束选择，最后单击"确定"按钮，生成的直纹面如图 2-52 所示。

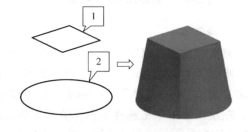

图 2-51 "直纹"对话框　　　　　图 2-52 创建直纹面

截面曲线的起始位置和向量方向是根据单击的鼠标位置判断的，通常比较靠近单击鼠标位置的曲线一端是起始的位置。如果所选取的曲线都为封闭曲线，则可以产生实体。

2. 通过曲线组

"通过曲线组"命令可以通过一系列截面线串（大致在同一方向）建立片体或实体，所选择的曲线可以是多条连续的曲线或实体边线。最多可允许使用 150 条截面线串。

单击"菜单"→"插入"→"网格曲面"→"通过曲线组"命令，弹出图 2-53 所示的"通过曲线组"对话框。依次选择图 2-54 所示的 5 条曲线为截面线串（每选择一条曲线单击鼠标滚轮），最后单击"确定"按钮，生成的曲面如图 2-54 所示。

图 2-53 "通过曲线组"对话框

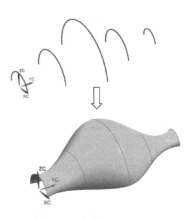

图 2-54 通过曲线组创建曲面

3. 通过曲线网格

"通过曲线网格"命令将通过几个主线串和交叉线串集创建片体或者实体。每个集中的交叉线串必须互相大致平行，并且不相交，主线串必须大致垂直于交叉线串。

单击"菜单"→"插入"→"网格曲面"→"通过曲线网格"命令，弹出图 2-55 所示"通过曲线网格"对话框。选择图 2-56 所示的两条圆弧曲线为主曲线，每选择一条曲线，单击鼠标滚轮确定，再选择另一条曲线；单击"交叉曲线"中的按钮 ，选择 5 条交叉曲线，每选择一条曲线，单击鼠标滚轮一次，或单击该选项组中的"添加新集"按钮 ，选取其他交叉曲线；最后单击"确定"按钮，生成的曲面如图 2-56 所示。

4. 扫掠

扫掠曲面是通过将曲线轮廓以预先描述的方式沿空间路径延伸，形成新的曲面。它需要使用引导线串和截面线串两种线串。延伸的轮廓线为截面线串，路径为引导线串。截面线串可以是曲线、实体边或面，最多可以有 150 条，引导线串最多可选取 3 条。

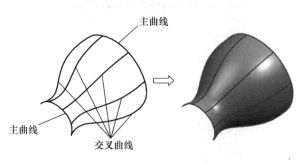

图 2-55 "通过曲线网格"对话框   图 2-56 通过曲线网格创建曲面

单击"菜单"→"插入"→"扫掠"→"扫掠"命令,弹出"扫掠"对话框,如图 2-57 所示。选择曲线 1 为截面线,选择曲线 2 为引导线,单击"确定"按钮,生成的曲面如图 2-58 所示。

可以通过一条截面线和两条引导线进行扫掠生成曲面。打开"扫掠"对话框,选择截面线 1;单击"引导线"中的"选择曲线",选择引导线 1,单击鼠标滚轮,再选择引导线 2,单击"确定"按钮,生成的曲面如图 2-59 所示。

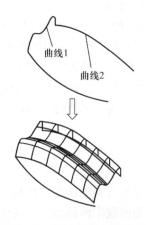

图 2-57 "扫掠"对话框   图 2-58 通过扫掠创建曲面

项目 2　塑料壳体和笔帽零件三维模型的创建　43

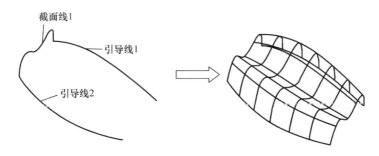

图 2-59　一条截面线和两条引导线进行扫掠生成曲面

5. 沿引导线扫掠

沿引导线扫掠是将开放或封闭的边界草图、曲线、边缘或面,沿一个或一系列曲线扫掠来创建实体或片体。

单击"菜单"→"插入"→"扫掠"→"沿引导线扫掠"命令,弹出图 2-60 所示"沿引导线扫掠"对话框。单击需要扫掠的截面线,单击"引导"中的"选择曲线"按钮,选择引导线,在"偏置"中输入"第一偏置"和"第二偏置"的相应数值;最后单击"确定"按钮,结果如图 2-61 所示。

沿引导线扫掠

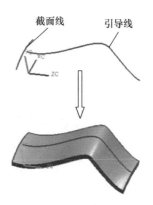

图 2-60　"沿引导线扫掠"对话框　　　图 2-61　沿引导线扫掠生成曲面

6. 管道

管道特征是将圆形横截面沿着一个或多个连续相切的曲线扫掠而生成实体,当内径大于 0 时生成管道。

单击"菜单"→"插入"→"扫掠"→"管"命令,弹出图 2-62 所示的"管"对话框。单击图 2-63 中曲线作为管道的路径曲线,在"横截面"中输入管道"外径"和"内径"的值。管道"内径"可以为 0,但管道"外径"必须大于 0,外径必须大于内径。创建的管道如图 2-63 所示。

管道

图 2-62 "管道"对话框

图 2-63 创建管道结果

2.2.5 曲线构造

1. 多边形

单击"菜单"→"插入"→"曲线"→"多边形（原有）"命令，弹出"多边形"对话框，在对话框中输入多边形边数，如图 2-64 所示。单击"确定"按钮，弹出"多边形"创建方法对话框，选择创建方法，如图 2-65 所示。根据所选择的方法输入具体参数（内切圆半径、方位角；或侧、方位角；或圆半径、方位角），如图 2-66 所示。单击"确定"按钮，在弹出的"点"对话框中输入多边形中心坐标，如图 2-67 所示。单击"确定"按钮，得到图 2-68 所示的多边形。

图 2-64 "多边形"边数对话框

图 2-65 "多边形"创建方法对话框

图 2-66 "多边形"参数对话框

项目 2 塑料壳体和笔帽零件三维模型的创建

图 2-67 "点"对话框

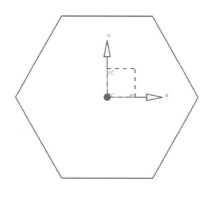

图 2-68 六边形

2. 创建文本

NX 12.0 提供了 3 种文本创建方式,分别是平面副、曲线上和面上。

(1) 平面副文本 单击"菜单"→"插入"→"曲线"→"文本"命令,弹出"文本"对话框,如图 2-69 所示。"类型"选项中默认为"平面副",在绘图区单击一点作为文本放置点,在"文本属性"文本框中输入文本内容,并设置字体的其他属性;通过"点构造器"或捕捉方式确定锚点放置位置;在"尺寸"中输入长度、高度和剪切角度,或通过调整箭头来调整尺寸大小,如图 2-70 所示。最后单击"确定"按钮,完成文本创建。

图 2-69 "文本"对话框

文本

图 2-70 拖拉箭头调整文本尺寸

（2）曲线上文本　单击"菜单"→"插入"→"曲线"→"文本"命令，弹出"文本"对话框。在"类型"选项中选择"曲线上"，如图 2-71 所示；在绘图区选择文本放置曲线，并在对话框中设置文本的各项参数，创建结果如图 2-72 所示。

图 2-71　"文本"对话框

图 2-72　创建曲线上文本

（3）面上文本　在"文本"对话框中，"类型"选项选择"面上"，如图 2-73 所示，然后在绘图区选择文本放置面和放置面上的曲线，在对话框中设置文本的各项参数，在"设置"栏中勾选"投影曲线"选项，单击"确定"按钮，效果如图 2-74 所示。

图 2-73　"文本"对话框

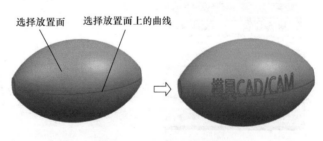

图 2-74　创建面上文本

2.3 任务实施

任务1 塑料壳体零件三维模型的创建

1. 新建一个模型文件

启动 NX 12.0，单击"菜单"→"文件"→"新建"命令，打开"新建"对话框。在该对话框中的"名称"文本框中输入新建文件的名称"塑料壳体"，设置单位为"毫米"，单击"确定"按钮。

2. 创建草图（外形）

1）单击"菜单"→"插入"→"在任务环境中绘制草图"命令，弹出图 2-75 所示"创建草图"对话框。单击"确定"按钮，接受默认的 XC-YC 基准面为草绘平面。建立第 1 张草图，绘制图 2-76 所示的草图曲线，单击"草图"工具栏中的"完成"按钮，退出草图绘制状态。

塑料壳体三维建模

图 2-75 "创建草图"对话框

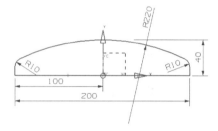

图 2-76 绘制草图曲线 1

2）单击"菜单"→"插入"→"在任务环境中绘制草图"命令，弹出"创建草图"对话框。选择 XC-ZC 基准面作为草绘平面，单击"确定"按钮，进入草图环境。建立第 2 张草图，如图 2-77 所示。

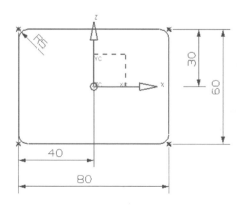

图 2-77 绘制草图曲线 2

3. 创建拉伸实体（外形）

单击"特征"工具栏中的"拉伸"按钮 ，打开"拉伸"对话框。选择第 1 张草图中的曲线作为截面，拉伸限制参数的设置如图 2-78 所示，单击"确定"按钮，完成拉伸操作，结果如图 2-79 所示。

图 2-78 "拉伸"对话框

图 2-79 拉伸的实体

4. 创建壳体

单击"特征"工具栏中的"抽壳"按钮 ，弹出图 2-80 所示"抽壳"对话框。选择前面及底面作为移除面，在"厚度"文本框中输入"3"，单击"确定"按钮，完成壳体的创建，如图 2-81 所示。

图 2-80 "抽壳"对话框

图 2-81 创建的壳体

5. 壳体中拉伸出方孔

单击"特征"工具栏中的"拉伸"按钮 ，弹出"拉伸"对话框。选择第 2 张草图中的曲线作为截面，拉伸限制参数的设置如图 2-82 所示，在"布尔"下拉列表中选择"减去"，单击"确定"按钮，完成拉伸操作，结果如图 2-83 所示。

图 2-82 "拉伸"对话框

图 2-83 拉伸后结果

6. 建立草图（内形）

单击"菜单"→"插入"→"在任务环境中绘制草图"命令，弹出"创建草图"对话框。选择 XC-ZC 基准面为草绘平面，单击"确定"按钮，进入草图环境。建立第 3 张草图，绘制图 2-84 所示草图曲线，然后单击"草图"工具栏中的"完成"按钮，退出草图环境。

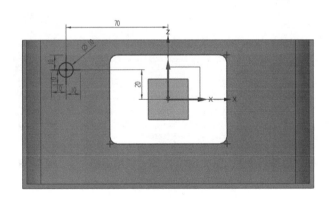

图 2-84 绘制草图曲线 3

7. 建立拉伸体（内形）

单击"特征"工具栏中的"拉伸"按钮，弹出"拉伸"对话框。选择第 3 张草图中的圆形作为截面，单击"反向"按钮，拉伸限制参数的设置如图 2-85 所示，在"布尔"下拉列表中选择"合并"，单击"应用"按钮，完成拉伸操作，结果如图 2-86 所示。

同理，选择第 3 张草图中的一条直线，如图 2-87 所示，设置"限制""布尔""偏置"等选项组中的参数，单击"应用"按钮，拉伸一根加强筋，如图 2-88 所示。同理分别选择其余三条直线，按前面操作步骤完成四根加强筋的拉伸操作，结果如图 2-89 所示。

图 2-85 "拉伸"对话框　　　　图 2-86 拉伸成圆柱体

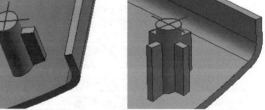

图 2-87 "拉伸"对话框（内形筋板）　图 2-88 拉伸一根加强筋　　图 2-89 拉伸出四根加强筋

8. 创建拔模角

单击"菜单"→"插入"→"细节特征"→"拔模"命令，弹出"拔模"对话框。如图 2-90 所示，设置"类型"为"面"，"脱模方向"为"YC"，"拔模方法"为"固定面"，"要拔模的面"分别选择图 2-91 所示的面，最后单击"确定"按钮。

9. 建立孔特征

单击"菜单"→"插入"→"设计特征"→"孔"命令，弹出"孔"对话框。在对话框中的"类型"下拉列表中选择"常规孔"，在"位置"选项组中通过捕捉圆柱上表面圆心指定点，"形状和尺寸""布尔"等选项组中的参数设置如图 2-92 所示，最后单击"确定"按钮，建立 $\phi 6\text{mm} \times 8\text{mm}$ 的孔特征，如图 2-93 所示。

图 2-90 "拔模"对话框

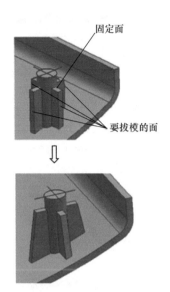

图 2-91 创建拔模角

图 2-92 "孔"对话框

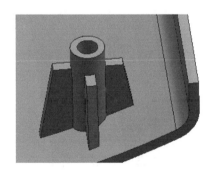

图 2-93 创建的孔特征

10. 镜像特征

单击"菜单"→"插入"→"关联复制"→"镜像特征"命令,弹出图 2-94 所示"镜像特征"对话框。"要镜像的特征"选择第 7～9 步骤中创建的特征,"镜像平面"选择 YC-ZC 基准平面,然后单击"确定"按钮,完成镜像操作,结果如图 2-95 所示。

图 2-94 "镜像特征"对话框

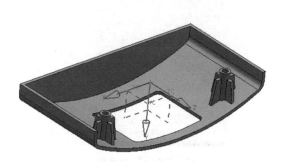

图 2-95 镜像后的效果

11. 建立文本

单击"菜单"→"插入"→"曲线"→"文本"命令,弹出"文本"对话框,如图 2-96 所示。设置"类型"为"面上";"文本放置面",选择壳体外表面;"面上的位置"选项组中的"放置方法"选择"面上的曲线",再选择棱边,如图 2-97 所示;在"文本属性"文本框中输入"神州",在"线型"下拉列表中选择"微软雅黑";其他参数的设置如图 2-96 所示,最后单击"确定"按钮。

图 2-96 "文本"对话框

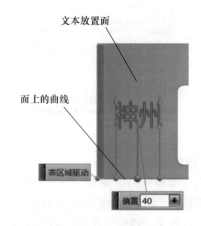

图 2-97 文本位置

12. 建立凸起

单击"菜单"→"插入"→"设计特征"→"凸起"命令,弹出图2-98所示的"凸起"对话框。在对话框中"表区域驱动"选择文本曲线;在"要凸起的面"选项组中选择要附着的外表面曲面;在"几何体"下拉列表中选择"凸起的面";在"位置"下拉列表中选择"偏置";在"距离"文本框中输入"1";单击"确定"按钮,效果如图2-99所示。

图2-98 "凸起"对话框

图2-99 文本凸起效果

13. 创建止口边

单击"菜单"→"插入"→"设计特征"→"拉伸"命令,弹出"拉伸"对话框(图2-100)。选择壳体内部三条边缘线为截面,如图2-101a所示,"限制""布尔""偏置"等选项组中的参数设置如图2-100所示,最后单击"应用"按钮。

同理,选择壳体内部一条边缘线为截面,如图2-101b所示,其他参数不变,单击"确定"按钮,完成止口边创建。

图2-100 "拉伸"对话框(止口边)

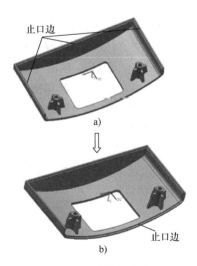

图2-101 边缘创建止口

14. 倒圆角

单击"菜单"→"插入"→"细节特征"→"边倒圆"命令，弹出图2-102所示"边倒圆"对话框。在该对话框中的"半径1"文本框中输入"1"，选择要倒圆角的边，如图2-103所示，单击"确定"按钮。

图 2-102　"边倒圆"对话框　　　　　　图 2-103　边倒圆位置

单击"保存"按钮，保存文件，完成建模过程。

任务 2　笔帽零件三维模型的创建

以下创建图2-1b所示的笔帽三维模型。

1. 新建一个模型文件

启动NX 12.0，单击"菜单"→"文件"→"新建"命令，弹出"新建"对话框。选择"模型"选项卡，在"名称"文本框中输入新建文件的名称"笔帽"，单击"确定"按钮，进入建模模块。

2. 创建草图（外形）

单击"菜单"→"插入"→"在任务环境中绘制草图"命令，弹出图2-104所示"创建草图"对话框；单击"确定"按钮，接受默认的草绘平面。创建图2-105所示的草图曲线1，单击"草图"工具栏中的"完成"按钮，退出草图绘制状态。

3. 创建回转特征

单击"菜单"→"插入"→"设计特征"→"旋转"命令，弹出图2-106所示"旋转"对话框。在"表区域驱动"选项组中选择草图曲线1，"指定矢量"选择X轴，在开始"角度"文本框中输入"0"，在结束"角度"文本框中输入"360"，

图 2-104　"创建草图"对话框

单击"确定"按钮,生成回转体,如图 2-107 所示。单击"菜单"→"编辑"→"显示与隐藏"→"隐藏"命令,选择实体,单击"确定"按钮,隐藏实体。

图 2-105 笔帽草图曲线 1

图 2-106 "旋转"对话框(外形)

图 2-107 创建的旋转体(外形)

4. 创建草图(内形)

单击"菜单"→"插入"→"在任务环境中绘制草图"命令,在弹出的"创建草图"对话框中单击"确定"按钮,创建第 2 张草图。绘制的草图曲线如图 2-108 所示,然后单击"完成"按钮,退出草图绘制状态。

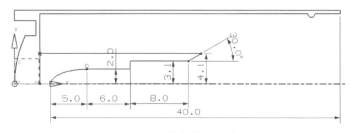

图 2-108 笔帽草图曲线 2

5. 创建旋转特征（内形）

单击"菜单"→"插入"→"设计特征"→"旋转"命令，弹出"旋转"对话框。在"表区域驱动"选项组中选择草图曲线2，如图2-109所示；"指定矢量"选择X轴，在开始"角度"文本框中输入"0"，在结束"角度"文本框中输入"360"，单击"确定"按钮，创建的旋转体如图2-110所示。单击"菜单"→"编辑"→"显示与隐藏"→"隐藏"命令，选择实体，单击"确定"按钮，隐藏实体。

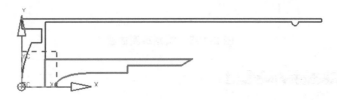

图2-109 选择草图曲线（内形）

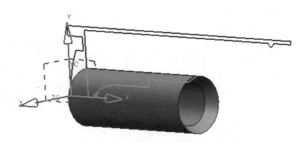

图2-110 创建的旋转体（内形）

6. 创建草图（加强筋）

单击"菜单"→"插入"→"在任务环境中绘制草图"命令，在弹出的"创建草图"对话框中单击"确定"按钮，创建第3张草图。绘制的草图曲线如图2-111所示。单击"约束"按钮，选择四条直线分别与图2-112所示直线共线，单击"完成"按钮，退出草图绘制状态。

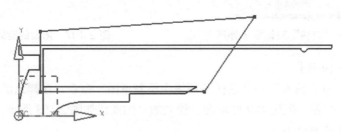

图2-111 绘制草图曲线3

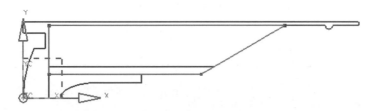

图2-112 施加"共线"约束后的草图曲线

7. 创建拉伸特征（加强筋）

单击"菜单"→"插入"→"设计特征"→"拉伸"命令，弹出图 2-113 所示"拉伸"对话框。"表区域驱动"选择第 3 张草图中的梯形曲线，在"结束"下拉列表中选择"对称值"，在"距离"文本框中输入"0.5"，单击"确定"按钮，完成拉伸操作，效果如图 2-114 所示。

将笔帽内回转体显示出来，和拉伸体进行布尔运算，在"布尔"下拉列表中选择"合并"，单击"确定"按钮，结果如图 2-115 所示。

8. 创建列阵特征

单击"菜单"→"插入"→"关联复制"→"阵列特征"命令，弹出图 2-116 所示"阵列特征"对话框。单击"选择特征"，选择图 2-117 所示拉伸体；在"布局"下拉列表中选择"圆形"；在"指定矢量"下拉列表中选择"XC"；在"间距"下拉列表中选择"数量和间隔"，在"数量"文本框中输入"8"，在"节距角"文本框中输入"45"，单击"确定"按钮，完成阵列特征操作，结果如图 2-118 所示。

单击"菜单"→"编辑"→"显示和隐藏"→"全部显示"命令，将实体全部显示出来，如图 2-119 所示。

图 2-113 "拉伸"对话框（加强筋）

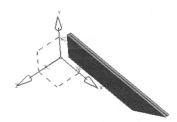

图 2-114 创建的拉伸体

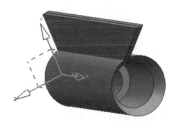

图 2-115 回转体和拉伸体"合并"

图 2-116 "阵列特征"对话框

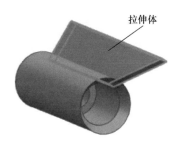

图 2-117 选择拉伸体

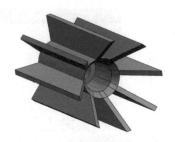
图 2-118 阵列特征结果

图 2-119 显示全部实体

9. 创建基准平面("工"字体)

单击"菜单"→"插入"→"基准/点"→"基准平面"命令,弹出图 2-120 所示"基准平面"对话框。在对话框的"类型"下拉列表中选择"点和方向","指定点"选择捕捉象限点,"指定矢量"选择 Z 轴,如图 2-121 所示,然后单击"确定"按钮。最后,隐藏全部实体和草图曲线。

图 2-120 "基准平面"对话框

图 2-121 基准平面的位置和方向

10. 创建草图("工"字体)

单击"菜单"→"插入"→"在任务环境中绘制草图"命令,弹出"创建草图"对话框。选择新创建的基准平面为草绘平面,单击"确定"按钮。创建第 4 张草图,在草图中用"轮廓"命令绘制图 2-122 所示的曲线。单击"镜像曲线"按钮,弹出"镜像曲线"对话框,如图 2-123 所示。选择 X 轴为镜像中心线,草图曲线为镜像曲线,再单击"确定"按钮,完成镜像操作,结果如图 2-124 所示。单击"完成"按钮,退出草图绘制状态。

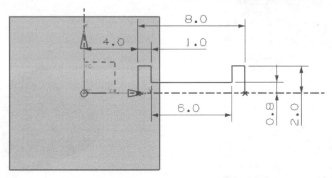
图 2-122 笔帽草图曲线 4

项目2 塑料壳体和笔帽零件二维模型的创建 59

图 2-123 "镜像曲线"对话框

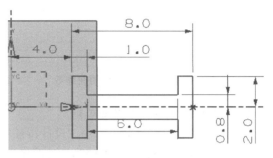

图 2-124 镜像的草图("工"字体)

11. 创建拉伸特征("工"字体)

单击"菜单"→"插入"→"设计特征"→"拉伸"命令,弹出图 2-125 所示"拉伸"对话框。选择第 4 个草图中的"工"字形曲线,在"限制"选项组中的"距离"文本框中输入"2.5",在"结束"下拉列表中选择"直至选定",在"布尔"下拉列表中选择"合并","选择对象"选择回转体,最后单击"确定"按钮,效果如图 2-126 所示。之后隐藏实体和曲线。

图 2-125 "拉伸"对话框

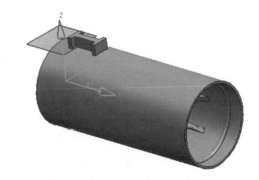

图 2-126 拉伸出"工"字实体

12. 创建草图(圆弧体)

单击"菜单"→"插入"→"在任务环境中绘制草图"命令,弹出"创建草图"对话框。选择创建的基准平面为草绘平面,单击"确定"按钮。绘制第 5 张草图,如图 2-127 所示。单击"镜像曲线"按钮,弹出"镜像曲线"对话框;选择 X 轴为镜像中心线,选择草图曲线 5 为镜像曲线,单击"确定"按钮,结果如图 2-128 所示。最后,单击"完成"按钮。

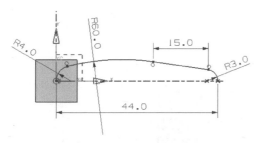
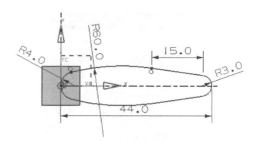

图 2-127　创建草图曲线 5　　　　　　图 2-128　镜像草图曲线 5

13. 创建拉伸特征（圆弧体）

单击"菜单"→"插入"→"设计特征"→"拉伸"命令，弹出图 2-129 所示"拉伸"对话框。选择第 5 张草图中的曲线为拉伸曲线，在开始"距离"文本框中输入"2.5"，在结束"距离"文本框中输入"10"，最后单击"确定"按钮，结果如图 2-130 所示。之后隐藏实体和曲线。

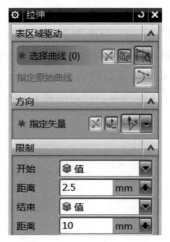
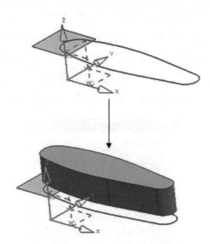

图 2-129　"拉伸"对话框　　　　　　图 2-130　创建的拉伸体

14. 创建草图（圆弧曲线）

单击"菜单"→"插入"→"在任务环境中绘制草图"命令，弹出"创建草图"对话框；选择 ZC-XC 平面为草绘平面，单击"确定"按钮。创建第 6 张草图，绘制的草图曲线如图 2-131 所示，单击"完成"按钮 ，单击"菜单"→"编辑"→"显示和隐藏"→"显示和隐藏"命令，弹出图 2-132 所示"显示和隐藏"对话框；单击"实体"后的" "，显示出笔帽全部实体，隐藏用第 5 张草图拉伸的实体，如图 2-133 所示。

单击"菜单"→"插入"→"在任务环境中绘制草图"命令，弹出"创建草图"对话框；选择 YC-ZC 基准平面为草绘平面，单击"确定"按钮。创建第 7 张草图，在草图上绘制一个圆弧，对圆弧施加约束，使圆弧曲线和回转体端部的圆同心，圆弧在第 6 张草图曲线的端点上，单击"完成"按钮 ，创建的圆弧曲线如图 2-134 所示。

15. 创建扫掠特征

单击"菜单"→"插入"→"扫掠"→"沿引导线扫掠"命令，出现图 2-135 所示对话框。分别选取两条曲线为截面曲线和引导曲线，如图 2-136 所示，单击"确定"按钮，生成的片体如图 2-137 所示。之后显示全部实体和曲线。

项目 2 塑料壳体和笔帽零件二维模型的创建

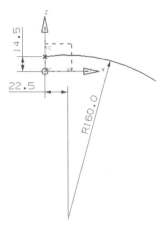

图 2-131 创建草图曲线 6

图 2-132 "显示和隐藏"对话框

图 2-133 显示实体

图 2-134 创建草图曲线 7

图 2-135 "沿引导线扫掠"对话框

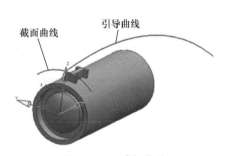

图 2-136 选择曲线

图 2-137 沿引导线扫掠结果

16. 创建修剪体

单击"菜单"→"插入"→"修剪"→"修剪体"命令，弹出图 2-138 所示"修剪体"对话框。如图 2-139 所示，设置拉伸体为"目标"，片体为"工具"，单击"确定"按钮，完成修剪操作。修剪后的结果如图 2-140 所示。

单击"菜单"→"编辑"→"显示和隐藏"→"显示和隐藏"命令，弹出图 2-141 所示的"显示和隐藏"对话框。单击片体、草图、基准平面后面的"隐藏"按钮"━"，单击"关闭"按钮，隐藏后的结果如图 2-142 所示。

17. 创建球体

单击"菜单"→"插入"→"设计特征"→"球"命令，弹出图 2-143 所示的"球"对话框。在该对话框的"类型"下拉列表中选择"中心点和直径"；"指定点"选择"捕捉圆心"，再选择图 2-144 所示的圆弧；在"直径"文本框中输入"4"；在"布尔"下拉列表中选择"合并"，并选择圆弧体；单击"确定"按钮，创建的球体如图 2-145 所示。

图 2-138 "修剪体"对话框

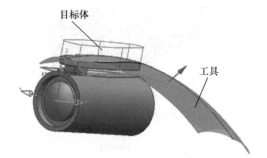

图 2-139 修剪选择

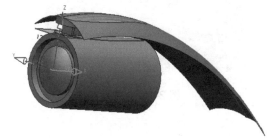

图 2-140 修剪后的结果

图 2-141 "显示和隐藏"对话框

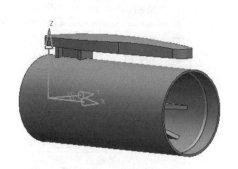

图 2-142 隐藏后的结果

项目2 塑料壳体和笔帽零件三维模型的创建

图2-143 "球"对话框　　图2-144 选择球体球心位置　　图2-145 创建球体结果

18. 创建基准平面（扇形体）

单击"菜单"→"插入"→"基准/点"→"基准平面"命令，弹出"基准平面"对话框。如图2-146所示，在该对话框的"类型"下拉列表中选择"按某一距离"，"平面参考"选择图2-147所示端面，在"偏置"文本框中输入"-6"，单击"确定"按钮，创建的基准平面如图2-148所示。

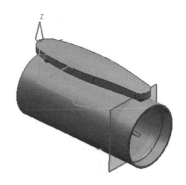

图2-146 "基准平面"对话框　　图2-147 选择基准参考平面　　图2-148 创建基准平面
　　　　　　　　　　　　　　　　　　　（扇形体）　　　　　　　　　（扇形体）

19. 创建草图（扇形体）

单击"菜单"→"插入"→"在任务环境中绘制草图"命令，弹出"创建草图"对话框。如图2-149所示，选择新创建的基准平面为草绘平面，选择Y轴为水平参考（图2-150），单击"确定"按钮，退出当前对话框。创建第8张草图，绘制的草图曲线如图2-151所示，最后单击"完成"按钮。

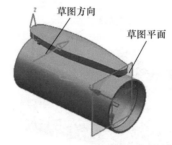
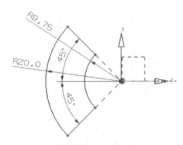

图 2-149 "创建草图"对话框　　图 2-150 确定草图方位（扇形体）　　图 2-151 创建草图曲线 8

20. 创建拉伸特征（扇形体）

单击"菜单"→"插入"→"设计特征"→"拉伸"命令，弹出图 2-152 所示"拉伸"对话框。选择第 8 张草图中的曲线为"截面"，在"限制"选项组中的"结束"下拉列表中选择"对称值"，"距离"输入"1"，单击"确定"按钮，创建的拉伸体如图 2-153 所示。

图 2-152 "拉伸"对话框　　　　　图 2-153 创建拉伸体效果（扇形体）

21. 棱边倒圆角（扇形体）

单击"特征"工具栏中的"边倒圆"按钮，弹出图 2-154 所示"边倒圆"对话框。选择扇形体的四条棱边，如图 2-155 所示。在"半径 1"文本框中输入"1"；单击"确定"按钮，倒圆效果如图 2-156 所示。

22. 创建基准平面（扇形体镜像）

单击"菜单"→"插入"→"基准/点"→"基准平面"命令，弹出图 2-157 所示"基准平面"对话框。选择图 2-158 所示基准平面为"平面参考"，在"偏置"选项组中的"距离"

文本框中输入"-3",单击"应用"按钮。同理,选择刚建立的基准平面为"平面参考",如图 2-159 所示,在"偏置"选项组中的"距离"文本框中输入"-6",单击"确定"按钮,结果如图 2-160 所示。

图 2-154 "边倒圆"对话框

图 2-155 选择边倒圆棱边

图 2-156 边倒圆效果

图 2-157 "基准平面"对话框

图 2-158 选择参考平面(一)

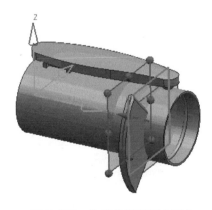

图 2-159 选择参考平面(二)

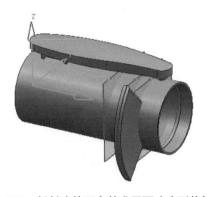

图 2-160 新创建的两个基准平面(扇形体镜像)

23. 创建镜像体

单击"菜单"→"插入"→"关联复制"→"镜像几何体"命令,弹出图 2-161 所示"镜像几何体"对话框。选择图 2-162 所示的扇形实体为要镜像的几何体,基准平面为镜像平面,单击"应用"按钮,完成镜像操作,效果如图 2-163 所示。同理,选择图 2-164 所示的扇形实体为要镜像的几何体,基准平面为镜像平面,单击"应用"按钮,效果如图 2-165 所示;选择图 2-166 所示的扇形实体为要镜像的几何体,基准平面为镜像平面,单击"应用"按钮,效果如图 2-167 所示。

图 2-161 "镜像几何体"对话框(扇形体)

图 2-162 选择要镜像的几何体和镜像平面(一)

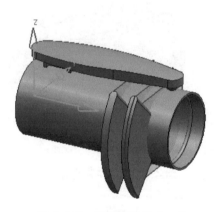
图 2-163 镜像后效果(一)

图 2-164 选择要镜像的几何体和镜像平面(二)

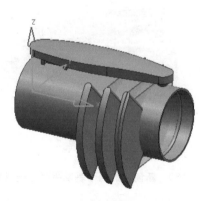
图 2-165 镜像后效果(二)

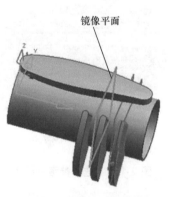
图 2-166 选择要镜像的几何体和镜像平面(三)

单击"菜单"→"插入"→"基准/点"→"基准平面"命令,弹出图 2-168 所示"基准平面"对话框。在"类型"下拉列表中选择"XC-ZC 平面",手动将该平面拖动拉长,如图 2-169 所示,单击"确定"按钮。单击"菜单"→"插入"→"关联复制"→"镜像几何体"命令,弹出"镜像几何体"对话框。选择图 2-170 所示对象为要镜像的几何体和镜像平面,单击"确定"按钮,镜像效果如图 2-171 所示。

24. 布尔运算

单击"菜单"→"插入"→"组合"→"减去"命令,弹出图 2-172 所示"求差"对话框。分别选

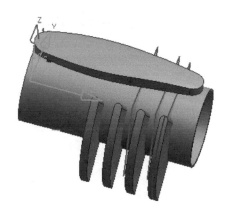

图 2-167 镜像后效果(三)

择目标体和工具体,如图 2-173 所示,单击"确定"按钮,效果如图 2-174 所示。单击"菜单"→"插入"→"组合"→"合并"命令,弹出图 2-175 所示"合并"对话框。选择一个实体为目标体,其余所有实体为工具体,单击"确定"按钮。

图 2-168 "基准平面"对话框(左右镜像)

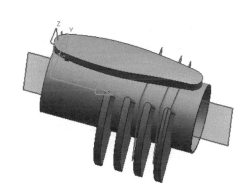

图 2-169 创建的基准平面

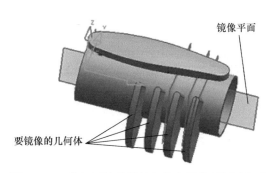

图 2-170 选择要镜像的几何体和镜像平面(四)

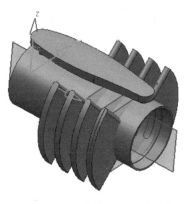

图 2-171 镜像后效果(四)

图 2-172 "求差"对话框

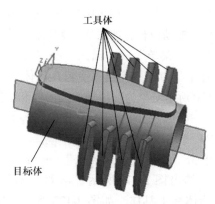

图 2-173 选择"求差"目标体和工具体

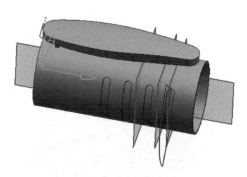

图 2-174 "求差"效果

图 2-175 "合并"对话框

25. 只显示实体

单击"菜单"→"编辑"→"显示和隐藏"→"显示和隐藏"命令，弹出图 2-176 所示"显示和隐藏"对话框。单击该对话框中"实体"后的按钮"+"，再单击其余选项后的按钮"−"，最后单击"关闭"按钮，笔帽实体如图 2-177 所示。

图 2-176 "显示和隐藏"对话框

图 2-177 笔帽实体

2.4 训练项目

根据图 2-178、图 2-179 所示零件图创建三维模型。

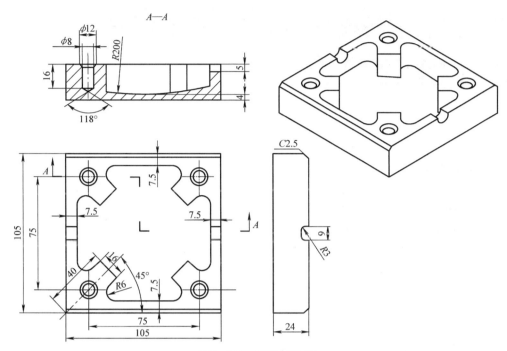

图 2-178 凹模零件图

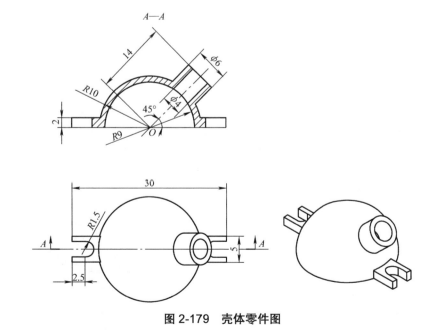

图 2-179 壳体零件图

项目 3

台虎钳和链板片冲孔落料复合模的装配

◎知识目标
1）掌握添加组件命令的功能。
2）掌握装配约束命令的功能。
3）掌握爆炸图命令的功能。

◎技能目标
1）会应用 NX 12.0 装配模块熟练装配模具零部件。
2）会针对模具装配图创建爆炸图。

◎素质目标
1）树立团结协作、大局意识，意识担当。
2）具有工匠精神，螺丝钉精神。

3.1 工作任务

用 NX 12.0 软件进行装配的过程是在装配中建立部件之间的链接关系，它通过装配条件在部件之间建立约束关系来确定部件在产品中的位置。在装配中，部件的几何体是被装配引用的，而不是复制到装配中。无论如何编辑部件和在何处编辑部件，整个装配部件都保持关联性，如果某部件被修改，则引用它的装配部件自动更新，反映部件的最新变化。本项目的任务是完成图 3-1 所示台虎钳的装配和图 3-2 所示链板片冲孔落料复合模的装配，每个零件在产品中发挥各自的作用，通过相互配合，才能完成工作任务。

图 3-1 台虎钳

图 3-2 链板片冲孔落料复合模

3.2 相关知识

3.2.1 装配综述

在学习装配操作之前,首先要熟悉 NX 12.0 中的一些装配术语和基本概念,以及如何进入装配模式。

1)装配部件:装配部件是由部件和子装配体构成的。在 NX 12.0 中,允许向任何一个 Part 格式文件中添加部件构成装配部件,因此任何一个 Part 格式文件都可以作为装配部件。

2)组件对象:组件对象是一个从装配部件链接到部件主模型的指针实体。一个组件对象记录的信息包括部件名称、层、颜色、线型、线宽、引用集和配对条件等。

3)组件:组件是在装配体中由组件对象所对应的部件文件。组件可以是单个部件,也可以是一个子装配体。

4)子装配体:子装配体是在高一级装配体中被用作组件的装配体,子装配体也拥有自己的组件。子装配体是一个相对的概念,任何一个装配部件都可以在更高级装配体中用作子装配体。

5)单个部件:单个部件是指在装配体外存在的部件几何模型。它可以添加到一个装配体中去,但它本身不能含有下级组件。

6)主模型:主模型是指 NX 12.0 模块共同引用的部件模型。同一主模型,可同时被工程图、装配、加工、结构分析和有限元分析等模块引用。当主模型被修改时,相关的应用自动更新。

7)自顶向下装配:自顶向下装配是指按上下关系进行装配,即从装配部件的顶级向下产生子装配体和零件的装配方法。先在装配结构树的顶部生成一个装配体,然后下移一层,生成子装配体和组件。

8)自底向上装配:自底向上装配是先创建部件几何模型,再组合成子装配体,最后生成装配部件的装配方法。

9)混合装配:混合装配是将自顶向下装配和自底向上装配结合在一起的装配方法。

NX 12.0 的装配模块是集成环境中的一个应用模块,它主要有两方面作用:一方面,将基本零件或子装配体组装成更高一级的装配体或产品总装配体;另一方面,可以先设计产品的总装配体,然后再拆成装配体和单个可以进行加工的零件。

在"应用模块"选项卡的"设计"工具栏中单击"装配"按钮(图 3-3),打开"装配"应用模块。然后单击"装配"选项卡,进入装配工作环境,如图 3-4 所示。

图 3-3 打开"装配"应用模块

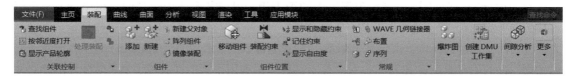

图 3-4 "装配"选项卡

3.2.2 装配导航器

装配导航器是一种装配结构的图形显示界面,又被称为装配树。在装配树中,每个组件作为一个节点显示。它能清楚反映装配体中各个组件的装配关系,而且能让用户快速便捷地选取和操作各个部件。例如,用户可以在装配导航器中全部或部分显示部件和工作部件,隐藏和显示相关组件。下面介绍装配导航器的功能及操作方法。

单击"装配导航器"按钮 ,弹出图 3-5 所示装配树形结构图。

如果将光标定位在树形图中节点处,单击鼠标右键,将会弹出图 3-6 所示的快捷菜单,利用该快捷菜单,用户可以很方便地管理组件。

图 3-5 装配导航器

图 3-6 节点快捷菜单

3.2.3 装配方法

1. 自底向上装配方法

该方法即先设计好装配体中的部件,再将部件添加到装配体中。自底向上装配所使用的工具是"添加组件"。添加组件的典型操作方法如下。

单击"菜单"→"装配"→"组件"→"添加组件"命令,或者在"装配"选项卡中单击"组件"工具栏中的"添加"按钮 ,弹出图 3-7 所示的"添加组件"对话框。在"要放置的部件"选项组中选择部件。可以从"已加载的部件"列表框中选择部件(列表框中显示的部件为先前装配操作加载过的部件),也可以在"要放置的部件"选项组中单击"打开"按钮 ,利用弹出的"部件名"对话框选择所需的部件文件。在"要放置的部件"选项组中还可以指定是否"保持选定"及部件数量。默认情况下,选择的部件将在单独的"组件预览"窗口中显示,如图 3-8 所示(在"设置"选项组中勾选"启用预览窗口"复选框即可)。

在"位置"选项组中,"装配位置"下拉列表用于设定装配体中组件的目标坐标系,可供选择的选项有"对齐""绝对坐标系-工作部件""绝对坐标系-显示部件""工作坐标系"。"对齐"选项用于通过选择位置来定义坐标系;"绝对坐标系-工作部件"选项用于将组件放置于当前工作部件的绝对原点;"绝对坐标系-显示部件"选项用于将组件放置于显示装配体的绝对原点;"工作坐标系"选项用于将组件放置于工作坐标系。

图 3-7 "添加组件"对话框

图 3-8 "组件预览"窗口

在"放置"选项组中有"移动"和"约束"两个单选选项。当选择"移动"选项时，可以通过单击"操控器"按钮在图形窗口中显示组件的操控器，利用操控器来将此组件移动到所需的位置，如图 3-9 所示。也可以通过单击"点构造器"按钮，利用弹出的"点"对话框来指定组件放置的位置点。当选择"约束"选项时，则利用相关的约束工具来为要添加的部件和装配体建立约束关系来完成装配。

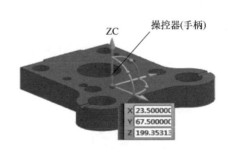

图 3-9 移动部件（使用操控器）

在"设置"选项组中，可设置互动选项、组件名、引用集和图层选项等，如图 3-10 所示。其中"图层选项"下拉列表中有"原始的""工作的"和"按指定的"3 个选项，"原始的"图层是指添加组件所在的图层；"工作的"图层是指装配的操作层；"按指定的"图层是指用户指定的图层。

图 3-10 选择引用集和安放的图层

2. 装配约束

装配约束

装配约束用于定义或设置两个组件之间的约束条件，其目的是确定组件在装配体中的位置。单击"菜单"→"装配"→"组件位置"→"装配约束"命令，或者单击"装配"选项卡，选择"组件位置"工具栏中的"装配约束"按钮，弹出图3-11所示"装配约束"对话框。该对话框用于通过约束确定组件在装配体中的相对位置，各选项介绍如下。

约束类型提供了确定组件装配位置的方式。

1）接触对齐：接触对齐约束实际上是两个约束，即接触约束和对齐约束。"接触"是指约束对象贴着约束对象，"对齐"是指约束对象与约束对象是对齐的，且在同一个点、线或平面上。

"接触对齐"对应的"方位"下拉列表中提供了四个选项："首选接触""接触""对齐"和"自动判断中心/轴"。

"首选接触"选项既包含接触约束，又包含对齐约束，但首先对约束对象进行的是接触约束。

"接触"用于使约束对象的曲面法向在反方向上。选择该方位方式时，指定的两个相配合对象接触在一起，如果要配合的两个对象是平面，则两平面贴合且默认法向相反，如图3-12所示。此时可以单击"撤销上一个约束"按钮，进行反向切换设置。如果要配合的两个对象是圆柱面，则两圆柱面以相切约束接触。

图 3-11 "装配约束"对话框

"对齐"用于使约束对象的曲面法向在相同的方向上。选择该方位方式时，将对齐选定的两个要配合的对象。对于平面对象而言，将默认选定的两个平面共面并且法向相同，同样可以进行反向切换设置；对于圆柱面，也可以实现面相切约束，如图3-13所示。

"自动判断中心/轴"自动对约束对象的中心或轴进行对齐或接触约束。

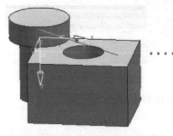

图 3-12 平面接触对齐

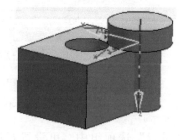

图 3-13 圆柱面对齐

2）同心：约束两个组件的圆形边界或椭圆边界，以使中心重合，并使边界面共面，如图3-14所示。

3）距离：用于指定两个配对对象间的最小距离，距离可以是正值也可以是负值，正、负值可以确定相配组件在基础件的哪一侧。配对距离由"距离"输入框中的数值决定。

4）固定：将组件固定在其当前位置。

5）平行：约束两个对象的方向矢量彼此平行。

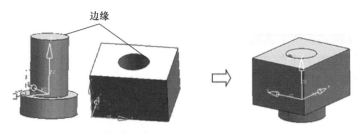

图 3-14 同心约束装配

6）垂直：约束两个对象的方向矢量彼此垂直。

7）胶合：将组件"焊接"在一起，使它们作为刚体移动。

8）适合：使具有等半径的两个圆柱面相结合。此约束对确定孔与销或螺栓的位置很有用。如果半径不等，则此约束无效。

9）中心：约束两个对象的中心，使其中心对齐。要约束的几何体有 3 种定位方式，具体含义如下：

1 对 2：将装配组件中的一个对象定位到基础组件中两个对象的对称中心。

2 对 1：将装配组件中的两个对象定位到基础组件中的一个对象上，并与其对称。

2 对 2：将装配组件中的两个对象与基础组件中的两个对象成对称布置。

10）角度：定义两个对象间的角度尺寸，用于约束配对组件到正确的方位上。角度约束可以在两个具有方向矢量的对象间产生，角度是两个方向矢量的夹角，逆时针方向为正。选择图 3-15 所示的组件圆柱面，通过角度 30° 约束组件装配。

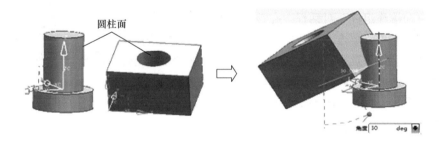

图 3-15 用角度约束组件装配

3.2.4 爆炸装配图

爆炸装配图是指在装配环境下，将装配体中的组件拆分开来，目的是为了更好地显示整个装配体的组成情况。同时，可以通过对视图的创建和编辑，将组件按照装配关系偏离原来的位置，以便观察产品内部结构及组件的装配顺序，如图 3-16 所示。

1. 爆炸图概述

爆炸图同其他用户定义视图一样，各个装配组件或子装配体已经从其装配位置移走。用户可以在任何视图中显示爆炸图形，并对其进行各种操作。爆炸图有以下特点：

1）可对爆炸图组件进行编辑操作。

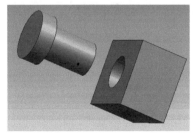

图 3-16 爆炸图

2)对爆炸图组件的操作不影响非爆炸图组件。

3)爆炸图可随时在视图中显示或不显示。

单击"装配"选项卡中的"爆炸图"按钮,展开"爆炸图"工具栏,该工具栏中包含用于创建或编辑爆炸图的工具,如图3-17所示。接下来对创建爆炸图的相关工具逐一进行介绍。

图 3-17 "爆炸图"工具栏

2. 新建爆炸图

要查看装配体内部结构特征及其之间的装配关系,需要创建爆炸图。

爆炸图

单击"菜单"→"装配"→"爆炸图"→"新建爆炸"命令,或单击"爆炸图"工具栏中的"新建爆炸"按钮,弹出"新建爆炸"对话框,如图3-18所示。单击"确定"按钮,完成爆炸图的创建。

3. 自动爆炸组件

创建新的爆炸图后,视图并没有发生变化,接下来就必须使组件炸开。UG装配体中的组件爆炸的方式为自动爆炸,即基于组件关联条件,沿表面的正交方向按照指定的距离自动爆炸组件。

单击"菜单"→"装配"→"爆炸图"→"自动爆炸组件"命令,或单击"爆炸图"工具栏中的"自动爆炸组件"按钮,弹出"类选择"对话框。选择需要爆炸的组件,单击"确定"按钮,弹出"自动爆炸组件"对话框。在该对话框中的"距离"文本框中输入偏置距离,单击"确定"按钮,将所选的对象按指定的偏置距离移动。如果选中"添加间隙"复选框,则在爆炸组件时,各个组件根据被选择的先后顺序移动,相邻两个组件在移动方向上以"距离"文本框中输入的偏置距离隔开,如图3-19所示。

图 3-18 "新建爆炸"对话框

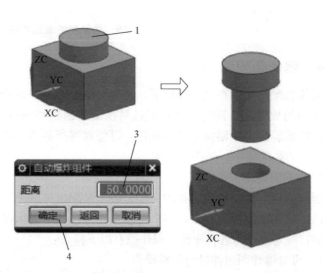

图 3-19 "自动爆炸组件"操作过程

4. 编辑爆炸图

在完成爆炸图后，如果没有达到理想的爆炸效果，通常还需要对爆炸图进行编辑。单击"菜单"→"装配"→"爆炸图"→"编辑爆炸"命令，或单击"爆炸图"工具栏中的"编辑爆炸"按钮，弹出"编辑爆炸"对话框，如图 3-20 所示。首先选择要编辑的组件，然后选中"移动对象"，可将选中组件移动到所需位置，如图 3-21 所示。

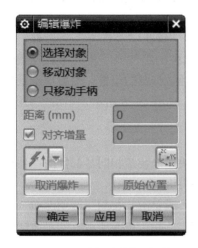

图 3-20 "编辑爆炸"对话框

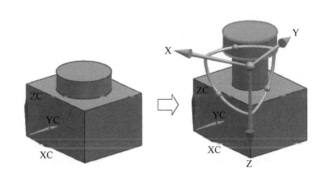

图 3-21 编辑爆炸图——移动对象

5. 取消爆炸组件

该选项用于取消已爆炸的视图。单击"菜单"→"装配"→"爆炸图"→"取消爆炸组件"命令，或单击"爆炸图"工具栏中的"取消爆炸组件"按钮，弹出"类选择"对话框。选择需要取消爆炸的组件，单击"确定"按钮，即可将选中的组件恢复到爆炸前的位置。

6. 删除爆炸图

该选项用于删除爆炸图。当不需要显示装配体的爆炸效果时，可执行"删除爆炸"命令将其删除。单击"爆炸图"工具栏中的"删除爆炸"按钮，或者单击"装配"→"爆炸图"命令，进入"爆炸图"对话框，如图 3-22 所示。系统在该对话框中列出了所有爆炸图的名称，用户只需选择需要删除的爆炸图名称，单击"确定"按钮，即可将选中的爆炸图删除。

7. 切换爆炸图

在装配过程中，尤其是已创建了多个爆炸图，当需要在多个爆炸图间进行切换时，可以利用"爆炸图"工具栏中的下拉列表进行爆炸图的切换。只需单击打开下拉列表，如图 3-23 所示，在其中选择爆炸图名称，即可进行爆炸图的切换操作。

图 3-22 "爆炸图"对话框

图 3-23 切换爆炸图下拉列表

3.2.5 编辑组件

组件添加到装配体以后，可对其进行抑制、阵列、镜像和移动等编辑操作，以实现编辑装配结构、快速生成多个组件等功能。下面主要介绍常用的几种编辑组件的方法。

1. 抑制组件

抑制组件是指将显示部件中的组件及其子组件移除。抑制组件并非删除组件，组件的数据仍然保留在装配体中，只是不执行一些装配功能，以方便装配。

单击"菜单"→"装配"→"组件"→"抑制组件"命令，弹出"类选择"对话框。选择需要抑制的组件或子装配体，单击"确定"按钮，即可将选中的组件或子装配体从视图中移除。如果要取消"抑制组件"命令，可以在装配导航器中选择被抑制的组件，然后单击鼠标右键，选择"抑制"，弹出"抑制"对话框；单击"从不抑制"，如图3-24所示，单击"确定"按钮即可。

2. 阵列组件

阵列组件是指将一个组件复制到指定的阵列中，该方法是快速地装配相同零部件的一种常用装配方法。它要求这些相同零部件的安装方位要具有某种阵列的参数关系。

单击"菜单"→"装配"→"组件"→"创建阵列"命令，或单击"装配"选项卡中"组件"工具栏中的"阵列组件"按钮，弹出"阵列组件"对话框，如图3-25所示。此对话框中包含3种阵列定义的布局选项，其含义如下：

（1）线性　以线性布局的方式进行阵列。

（2）圆形　以圆形布局的方式进行阵列。

（3）参考　自定义的布局方式。

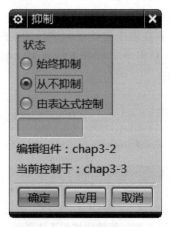

图3-24　"抑制"对话框

图3-25　"阵列组件"对话框

3. 镜像装配

在装配过程中，如果有多个相同的组件，可通过镜像装配的形式创建新组件。单击"装配"→"组件"→"镜像装配"命令，或单击"组件"工具栏中的"镜像装配"按钮，弹出"镜像装配向导"对话框，如图3-26所示。装配体或装配组件的镜像操作与建模环境下的镜像操作类似。

镜像装配

图 3-26 "镜像装配向导"对话框

4. 移动组件

在装配过程中，如果之前的约束关系并不是当前所需的，可对组件进行移动。重新定位的方式包括点到点、平移、绕点旋转等。

单击"菜单"→"装配"→"组件"→"移动组件"命令，或在"组件位置"工具栏中单击"移动组件"按钮，弹出"移动组件"对话框，如图3-27所示。选择要移动的组件，接着可以在"变换"选项组中的"运动"下拉列表中选择"动态""根据约束""距离""角度""点到点"中的一种定义移动方式。

图 3-27 "移动组件"对话框

3.3 任务实施

台虎钳装配

任务 1　台虎钳的装配

1. 建立新文件

单击"菜单"→"文件"→"新建"命令,弹出"新建"对话框。在"模板"列表框中选择"装配",在"名称"文本框中输入"台虎钳装配",如图 3-28 所示,单击"确定"按钮,进入 UG 的装配模块。

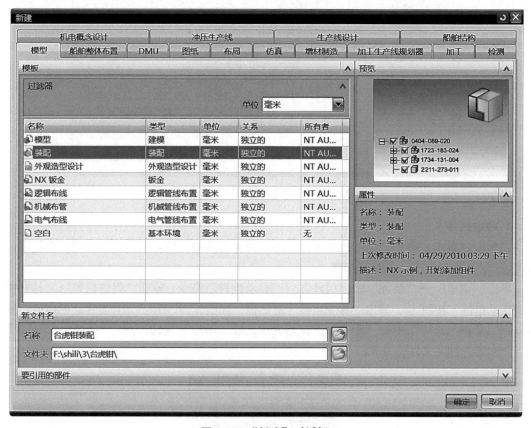

图 3-28 "新建"对话框

2. 加入组件底座

单击"菜单"→"装配"→"组件"→"添加组件"命令,弹出"添加组件"对话框,如图 3-29 所示。单击"打开"按钮,打开"部件名"对话框;根据组件的存放路径选择组件"底座",单击"OK"按钮,返回"添加组件"对话框,并弹出图 3-30 所示的"组件预览"窗口(注:操作鼠标中键,可以在该窗口中实现要添加的组件视图的放大、缩小及旋转,具体的操作方法与绘图区域内模型视图的放大、缩小及旋转相同,但操作时鼠标光标必须在"组件预览"窗口内)。在"组件锚点"下拉列表中选择"绝对坐标系",将组件放置位置定位于原点,单击"确定"按钮。依次添加其他组件,并为各个组件定义不同的坐标位置。

图 3-29 "添加组件"对话框

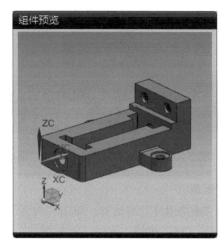

图 3-30 "组件预览"窗口

3. 装配钳口板

打开"添加组件"对话框,单击"打开"按钮,弹出"部件名"对话框;选择钳口板组件,单击"OK"按钮,钳口板显示在"组件预览"窗口中。展开"添加组件"对话框中的"放置"选项组,选择"约束",如图 3-31 所示。这里可以在"设置"选项组的"互动选项"子选项组中临时取消勾选"预览"复选框,勾选"启用预览窗口"复选框。在"约束类型"列表框中单击"接触对齐"按钮,在"方位"下拉列表中选择"接触",然后选择钳口板中要配对接触的面,并在底座中选择要接触的配对面。再将"约束类型"设置为"同心",然后选择钳口板上的一个孔的孔中心和底座上的孔中心作为同心约束的两个对象,如图 3-32 所示。同理,选择钳口板上另一个孔的孔中心和底座上的孔中心作为同心约束的两个对象,最后单击该对话框中的"确定"按钮,钳口板被装配到底座上,结果如图 3-33 所示。

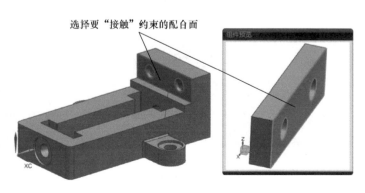

图 3-31 底座和钳口板之间添加"接触"约束

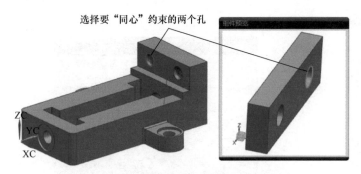

图 3-32 底座和钳口板之间添加"同心"约束　　　　图 3-33 完成钳口板装配

4. 装配螺钉

打开"添加组件"对话框,单击"打开"按钮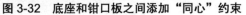,系统弹出"部件名"对话框;选择螺钉组件,单击"OK"按钮,返回"添加组件"对话框。在"约束类型"列表框中单击"适合"按钮，然后选择螺钉斜面和钳口板孔的斜面作为约束对象,如图 3-34 所示。在"约束类型"列表框中单击"接触对齐"按钮,在"方位"下拉列表中选择"自动判断中心/轴",选择螺钉中心线和钳口板孔的中心线作为约束对象,单击"确定"按钮,螺钉被装配到钳口板,如图 3-35 所示。同理,以相同方式再次选择此螺钉组件,并将其装配到钳口板的另一个孔上,如图 3-36 所示。

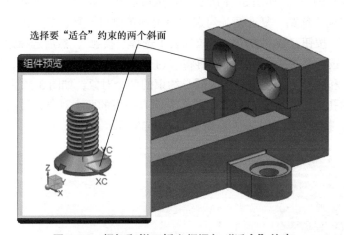

图 3-34 螺钉和钳口板之间添加"适合"约束

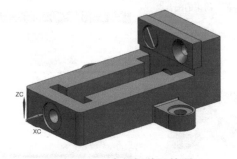
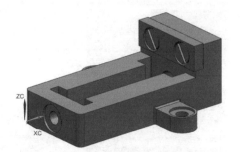

图 3-35 一个螺钉装配效果　　　　　　　图 3-36 两个螺钉装配效果

5. 装配螺杆

打开"添加组件"对话框,单击"打开"按钮 ,系统弹出"部件名"对话框;选择螺杆组件,单击"OK"按钮,返回"添加组件"对话框。在"约束类型"列表框中单击"接触对齐"按钮,在"方位"下拉列表中选择"自动判断中心/轴",选择螺杆中心线和底座孔的中心线作为约束对象,如图3-37所示。再在"方位"下拉列表中选择"接触",选择螺杆端面和底座端面作为约束对象,如图3-38所示。然后,单击"应用"按钮,螺杆被装配到底座上,如图3-39所示。

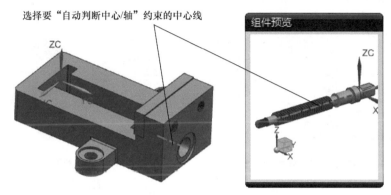

图3-37 底座和螺杆之间添加"自动判断中心/轴"约束

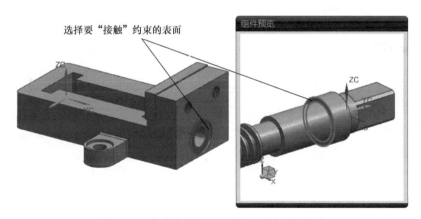

图3-38 底座和螺杆之间添加"接触"约束

6. 装配方块螺母

打开"添加组件"对话框,单击"打开"按钮 ,系统弹出"部件名"对话框;选择方块螺母组件,单击"OK"按钮,返回"添加组件"对话框。在"约束类型"列表框中单击"接触对齐"按钮,在"方位"下拉列表中选择"自动判断中心/轴",选择方块螺母孔中心线和螺杆的中心线进行"自动判断中心/轴"约束,如图3-40所示。再在"方位"下拉列表中选择"平行",选择方块螺母侧面和底座侧面进行"平行"约束,如图3-41所示。再在"约束类型"

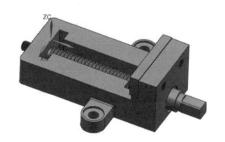

图3-39 螺杆被装配到底座上

列表框中单击"距离"按钮,在方块螺母端面和底座端面之间添加"距离"约束,在"距离"文本框中输入"60",如图3-42所示。然后单击"应用"按钮,方块螺母被装配到底座上,如图3-43所示。

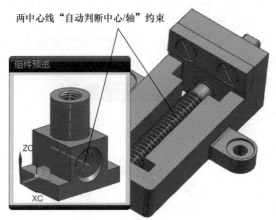

图3-40 方块螺母和螺杆之间添加"自动判断中心/轴"约束

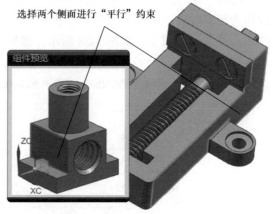

图3-41 方块螺母和底座侧面之间添加"平行"约束

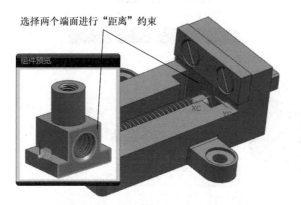

图3-42 方块螺母端面和底座端面之间添加"距离"约束

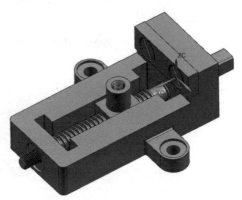

图3-43 方块螺母装配后的效果

7. 装配垫片

打开"添加组件"对话框,单击"打开"按钮,弹出"部件名"对话框,选择垫片组件,单击"OK"按钮。设置"约束类型"为"接触对齐",在"方位"下拉列表中选择"自动判断中心/轴",在垫片和底座之间添加"自动判断中心/轴"约束,如图3-44所示。然后,再在垫片和底座之间添加"接触"约束,如图3-45所示,从而将垫片装配到底座上,如图3-46所示。

图3-44 垫片和底座添加"自动判断中心/轴"约束

项目3 台虎钳和链板片冲孔落料复合模的装配

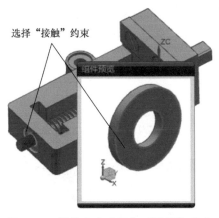

图 3-45 垫片和底座添加"接触"约束

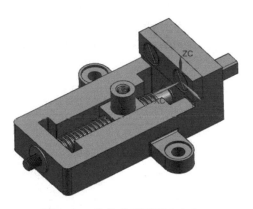

图 3-46 将垫片装配到底座上

8. 装配螺母

打开"添加组件"对话框,单击"打开"按钮,弹出"部件名"对话框,选择螺母组件,单击"OK"按钮。设置"约束类型"为"接触对齐",在"方位"下拉列表中选择"自动判断中心/轴",在螺母和螺杆之间添加"自动判断中心/轴"约束,如图3-47所示。然后再在螺母和垫片之间添加"接触"约束,如图3-48所示,从而将螺母装配到螺杆上,如图3-49所示。

9. 装配活动钳口组件

打开"添加组件"对话框,单击"打开"按钮,弹出"部件名"对话框,选择活动钳口组件,单击"OK"按钮。设置"约束类型"为"接触对齐",在"方位"下拉列表中选择"接触",在活动钳口组件底面与底座上表面间添加"接触"

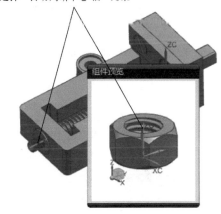

图 3-47 螺母和螺杆添加"自动判断中心/轴"约束

图 3-48 螺母和垫片添加"接触"约束

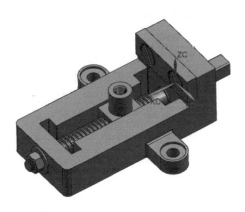

图 3-49 将螺母装配到螺杆上

约束，如图3-50所示。再选择"对齐"约束，在活动钳口组件侧面与底座侧面间添加"对齐"约束，如图3-51所示。再选择"自动判断中心/轴"约束，在活动钳口组件和方头螺母孔间添加"自动判断中心/轴"约束，如图3-52所示，从而将活动钳口组件装配到底座上，如图3-53所示。

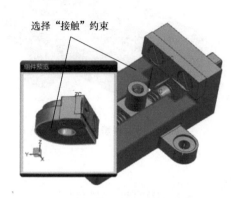

图3-50 添加"接触"约束

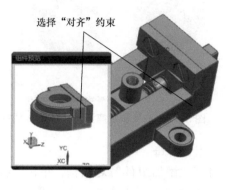

图3-51 添加"对齐"约束

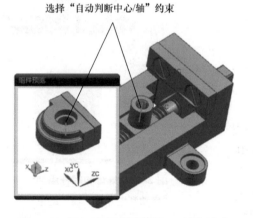

图3-52 添加"自动判断中心/轴"约束

图3-53 活动钳口组件装配效果

10. 装配沉头螺钉

打开"添加组件"对话框，单击"打开"按钮，弹出"部件名"对话框，选择沉头螺钉组件，单击"OK"按钮。在"约束类型"列表框中单击"接触对齐"按钮，在"方位"下拉列表中选择"接触"，在沉头螺钉和活动钳口组件之间添加"接触"约束，如图3-54所示。然后在沉头螺钉和活动钳口组件之间添加"同心"约束，如图3-55所示，从而将沉头螺钉装配到活动钳口组件上，如图3-56所示。台虎钳整个装配过程完成。

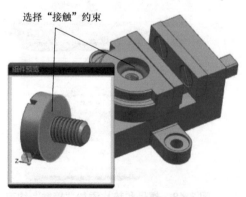

图3-54 添加"接触"约束

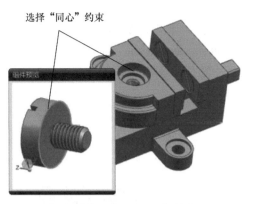
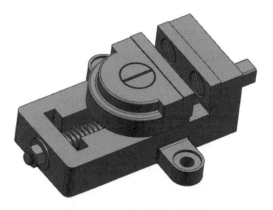

图 3-55 添加"同心"约束　　　　　　图 3-56 台虎钳装配后效果

任务 2　链板片冲孔落料复合模的装配

1. 链板片冲孔落料复合模上模装配

（1）建立新文件　单击"菜单"→"文件"→"新建"命令，弹出"新建"对话框。在"模板"列表框中选择"装配"，在"名称"文本框中输入"上模"，接着指定要保存到的文件夹，单击"确定"按钮，如图 3-57 所示。

复合模
上模装配

图 3-57　"新建"对话框

（2）加入组件上模座　单击"菜单"→"装配"→"组件"→"添加组件"命令，弹出"添加组件"对话框，如图3-58所示。单击"打开"按钮，弹出"部件名"对话框；根据组件的存放路径选择组件"上模座"，单击"OK"按钮，返回"添加组件"对话框，并弹出图3-59所示的"组件预览"窗口。在"组件锚点"下拉列表中选择"绝对坐标系"，将组件放置位置定位于原点，单击"应用"按钮，完成上模座的添加。

图3-58　"添加组件"对话框

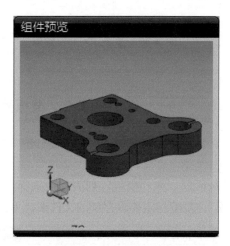

图3-59　"组件预览"窗口

（3）装配模柄　在"添加组件"对话框中单击"打开"按钮，弹出"部件名"对话框，选择模柄组件，单击"OK"按钮。在"放置"选项组中选择"约束"，在"约束类型"列表框中单击"接触对齐"按钮，在"方位"下拉列表中选择"接触"，然后依次选择图3-60所示模柄的面1和上模座的面2，完成"接触"约束。在"约束类型"列表框中单击"同心"按钮，依次选择图3-61所示模柄的圆1和上模座的圆2，完成"同心"约束。单击"应用"按钮，完成模柄装配，如图3-62所示。

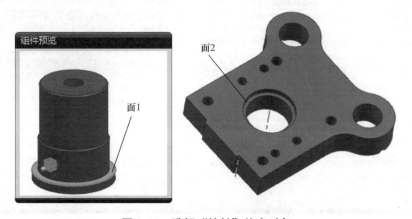

图3-60　选择"接触"约束对象

项目 3 台虎钳和链板片冲孔落料复合模的装配

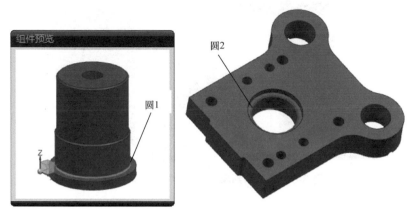

图 3-61 选择"同心"约束对象

（4）装配导套 在"添加组件"对话框中单击"打开"按钮，弹出"部件名"对话框，选择导套组件，单击"OK"按钮。在"放置"选项组中选择"约束"，在"约束类型"列表框中单击"接触对齐"按钮，在"方位"下拉列表中选择"接触"，然后依次选择图 3-63 所示的面 1 和面 2，完成"接触"约束。在"方位"中选择"自动判断中心/轴"，依次选择图 3-64 所示的轴线 1 和轴线 2，完成"自动判断中心/轴"约束。单击"应用"按钮，完成导套装配，如图 3-65 所示。用相同的方法装配另一个导套，效果如图 3-66 所示。

图 3-62 模柄装配效果

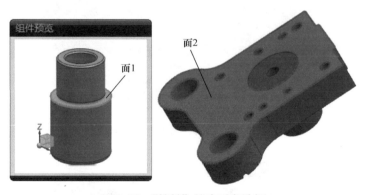

图 3-63 "接触"约束对象选择

（5）装配上模垫板 在"添加组件"对话框中单击"打开"按钮，弹出"部件名"对话框，选择上模垫板组件，单击"OK"按钮。在"放置"选项组中选择"约束"，在"约束类型"列表框中单击"接触对齐"按钮，在"方位"下拉列表中选择"接触"，然后依次选择图 3-67 所示的面 1 和面 2，完成"接触"约束。在"约束类型"列表框中单击"同心"按钮，依次选择图 3-68 所示的圆 1 和圆 2，完成第一次"同心"约束；再选择图 3-69 所示的圆 1 和圆 2，完成第二次"同心"约束。单击"应用"按钮，完成上模垫板装配，如图 3-70 所示。

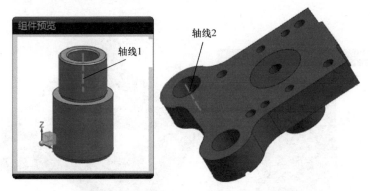

图 3-64 "自动判断中心/轴"约束对象选择

图 3-65 导套装配效果

图 3-66 另一个导套装配效果

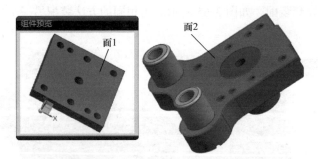

图 3-67 选择"接触"约束对象

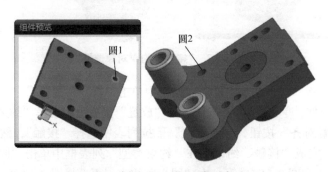

图 3-68 选择"同心"约束对象(一)

图 3-69 选择"同心"约束对象(二)　　　　图 3-70 上模垫板装配效果

(6)装配凸模固定板　在"添加组件"对话框中单击"打开"按钮 ,弹出"部件名"对话框,选择凸模固定板组件,单击"OK"按钮。在"放置"选项组中选择"约束",在"约束类型"列表框中单击"接触对齐"按钮,在"方位"下拉列表中选择"接触",然后依次选择图 3-71 所示的面 1 和面 2,完成"接触"约束。在"约束类型"列表框中单击"同心"按钮,依次选择图 3-72 所示的圆 1 和圆 2,完成第一次"同心"约束;再选择图 3-73 所示的圆 1 和圆 2,完成第二次"同心"约束。单击"应用"按钮,完成凸模固定板装配,如图 3-74 所示。

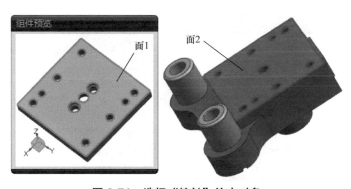

图 3-71 选择"接触"约束对象

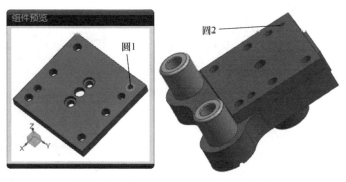

图 3-72 选择"同心"约束对象(一)

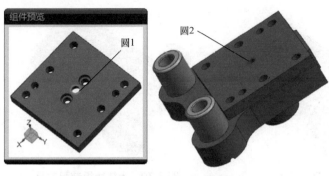

图 3-73 选择"同心"约束对象(二)　　　　图 3-74 凸模固定板装配效果

（7）装配打杆　在"添加组件"对话框中单击"打开"按钮，弹出"部件名"对话框，选择打杆组件，单击"OK"按钮。在"放置"选项组中选择"约束"，在"约束类型"列表框中单击"接触对齐"按钮，在"方位"下拉列表中选择"对齐"，然后依次选择图 3-75 所示的面 1 和面 2，完成"对齐"约束。在"约束类型"列表框中单击"同心"按钮，依次选择图 3-76 所示的圆 1 和圆 2，完成"同心"约束。单击"应用"按钮，完成打杆装配，如图 3-77 所示。

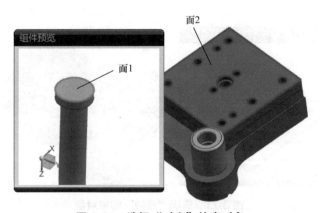

图 3-75 选择"对齐"约束对象

图 3-76 选择"同心"约束对象　　　　图 3-77 打杆装配效果

（8）装配凸模　在"装配导航器"中取消勾选上模座、模柄、导套和上模垫板，即隐藏这四个组件，如图 3-78 所示。在"添加组件"对话框中单击"打开"按钮，弹出"部件名"对话框，选择凸模组件，单击"OK"按钮。在"放置"选项组中选择"约束"，在"约束类型"列表框中单击"接触对齐"按钮，在"方位"下拉列表中选择"对齐"，然后依次选择图 3-79 所示的面 1 和面 2，完成"对齐"约束。在"约束类型"列表框中单击"同心"按钮，依次选择图 3-80 所示的圆 1 和圆 2，完成"同心"约束。单击"应用"按钮，完成凸模装配，如图 3-81 所示。用相同的方法装配另一个凸模，效果如图 3-82 所示。

图 3-78　装配导航器

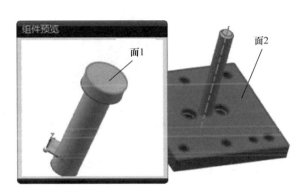

图 3-79　选择"对齐"约束对象

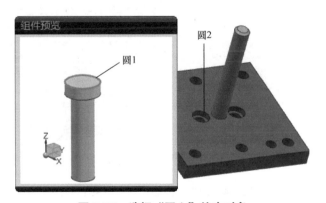

图 3-80　选择"同心"约束对象

图 3-81　凸模装配效果

图 3-82　另一个凸模装配效果

（9）装配推块　在"添加组件"对话框中单击"打开"按钮，弹出"部件名"对话框，选择推块组件，单击"OK"按钮。在"放置"选项组中选择"约束"，在"约束类型"列表框中单击"接触对齐"按钮，在"方位"下拉列表中选择"接触"，然后依次选择图 3-83 所示的面 1 和面 2，完成"接触"约束。在"约束类型"列表框中单击"同心"按钮，依次选择图 3-84 所示的圆 1 和圆 2，完成第一次"同心"约束；再选择图 3-85 所示的圆 1 和圆 2，完成第二次"同心"约束。单击"应用"按钮，完成推块装配，如图 3-86 所示。

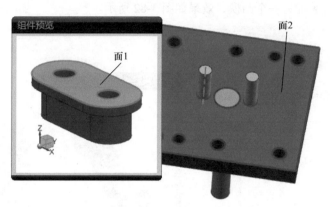

图 3-83　选择"接触"约束对象

图 3-84　选择"同心"约束对象（一）

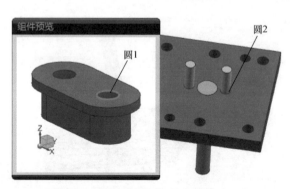

图 3-85　选择"同心"约束对象（二）

图 3-86　推块装配效果

（10）装配推块固定板　在"添加组件"对话框中单击"打开"按钮，弹出"部件名"对话框，选择推块固定板组件，单击"OK"按钮。在"放置"选项组中选择"约束"，在"约束类型"列表框中单击"接触对齐"按钮，在"方位"下拉列表中选择"接触"，然后依次选择图3-87所示的面1和面2，完成"接触"约束。在"约束类型"列表框中单击"同心"按钮，依次选择图3-88所示的圆1和圆2，完成第一次"同心"约束；再选择图3-89所示的圆1和圆2，完成第二次"同心"约束。单击"应用"按钮，完成推块固定板装配，如图3-90所示。

图3-87　选择"接触"约束对象

图3-88　选择"同心"约束对象（一）

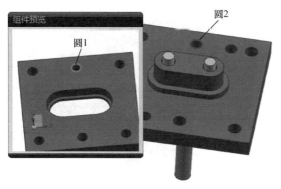

图3-89　选择"同心"约束对象（二）

图3-90　推块固定板装配效果

(11) 装配凹模 在"添加组件"对话框中单击"打开"按钮，弹出"部件名"对话框，选择凹模组件，单击"OK"按钮。在"放置"选项组中选择"约束"，在"约束类型"列表框中单击"接触对齐"按钮，在"方位"下拉列表中选择"接触"，然后依次选择图 3-91 所示的面 1 和面 2，完成"接触"约束。在"约束类型"列表框中单击"同心"按钮，依次选择图 3-92 所示的圆 1 和圆 2，完成第一次"同心"约束；再选择图 3-93 所示的圆 1 和圆 2，完成第二次"同心"约束。单击"应用"按钮，完成凹模装配，如图 3-94 所示。

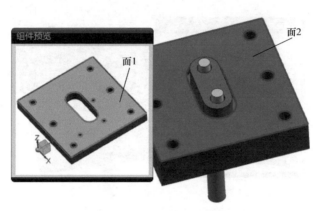

图 3-91 选择"接触"约束对象

图 3-92 选择"同心"约束对象（一）

图 3-93 选择"同心"约束对象（二）

图 3-94 凹模装配效果

（12）装配定位销 在"装配导航器"中勾选隐藏的组件，以显示全部组件，如图 3-95 所示。在"添加组件"对话框中单击"打开"按钮，弹出"部件名"对话框，选择短销钉组件，单击"OK"按钮。在"放置"选项组中选择"约束"，在"约束类型"列表框中单击"接触对齐"按钮，在"方位"下拉列表中选择"对齐"，然后依次选择图 3-96 所示的面 1 和面 2，完成"对齐"约束。在"约束类型"列表框中单击"同心"按钮，依次选择图 3-97 所示的圆 1 和圆 2，完成"同心"约束。单击"应用"按钮，完成短销钉的装配，如图 3-98 所示。用相同的方法装配另一个短销钉，如图 3-99 所示。用相同的方法，将两个长销钉装配到图 3-100 和图 3-101 所示的指定位置。

图 3-95 显示全部组件

图 3-96 选择"对齐"约束对象

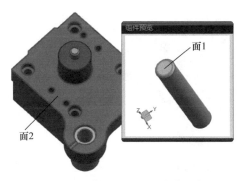

图 3-97 选择"同心"约束对象

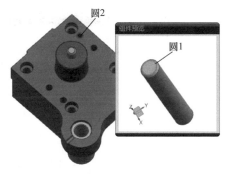

图 3-98 短销钉 1 装配效果

图 3-99 短销钉 2 装配效果

图 3-100　长销钉 1 装配效果

图 3-101　长销钉 2 装配效果

（13）装配螺钉　在"添加组件"对话框中单击"打开"按钮，弹出"部件名"对话框，选择螺钉组件，单击"OK"按钮。在"放置"选项组中勾选"约束"，在"约束类型"列表框中单击"接触对齐"按钮，在"方位"下拉列表中选择"接触"，然后依次选择图 3-102 所示的面 1 和面 2，完成"接触"约束。在"约束类型"列表框中单击"同心"按钮，依次选择图 3-103 所示的圆 1 和圆 2，完成"同心"约束。单击"确定"按钮，完成螺钉的装配，如图 3-104 所示。

再装配其他三个螺钉。单击"菜单"→"装配"→"组件"→"阵列组件"命令，弹出"阵列组件"对话框，如图 3-105 所示。单击"选择组件"，再选择螺钉，在"布局"下拉列表中选择"圆形"，"指定矢量"选择"ZC"，"指定点"选择模柄孔圆心，在"数量"文本框中输入"4"，"节距角"文本框中输入"90"，单击"确定"按钮，完成 4 个上模螺钉的装配，结果如图 3-106 所示。完成上模装配后，单击"保存"按钮。

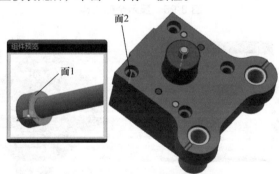
图 3-102　选择"接触"约束对象

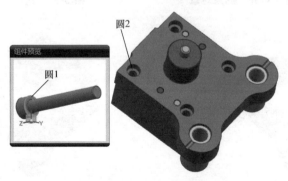
图 3-103　选择"同心"约束对象

项目3 台虎钳和链板片冲孔落料复合模的装配

图3-104 第一个螺钉装配效果

图3-105 "阵列组件"对话框

图3-106 上模装配效果及其爆炸图

2. 链板片冲孔落料复合模下模装配

装配方法同上模,装配顺序为:新建下模文件,然后在装配模块依次添加组件下模座、导柱、下模垫板、凸凹模固定板、橡胶、卸料板、凸凹模、定位销、螺钉和卸料螺钉。完成下模装配后,单击"保存"按钮。下模的装配效果及其爆炸图如图3-107a、b所示。

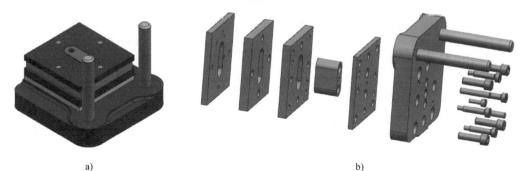

a)   b)

图3-107 下模的装配效果及其爆炸图

3. 链板片冲孔落料复合模上模与下模总装配

新建总装配文件，然后在装配模块依次添加组件上模和下模，完成链板片冲孔落料复合模上模与下模的总装配，效果如图 3-2 所示。

3.4 训练项目

根据 U 形件弯曲模的二维装配图（图 3-108a），完成零件的装配（图 3-108b），并爆炸装配图（图 3-108c）。表 3-1 为 U 形件弯曲模的零件名称。

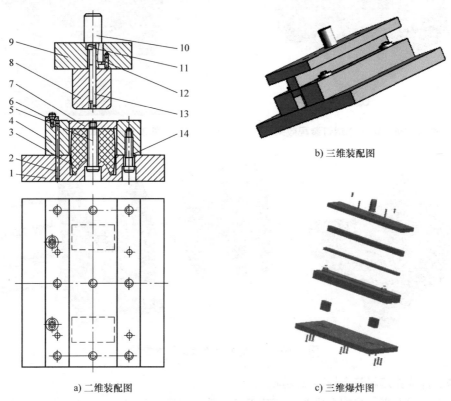

a) 二维装配图   b) 三维装配图   c) 三维爆炸图

图 3-108 U 形件弯曲模

表 3-1 U 形件弯曲模的零件名称

件号	名称	数量	件号	名称	数量
1	下模座	1	8	上模板	1
2	圆柱销	4	9	上模座	1
3	橡胶	2	10	模柄	1
4	下模板	2	11	螺钉	3
5	卸料螺钉	3	12	防转销	1
6	定位板	2	13	圆柱销	2
7	顶料板	1	14	紧固螺钉	6

项目 4

凸凹模零件图及弯曲模装配图的创建

◎知识目标
1）了解 NX 12.0 制图的基本参数设置和使用。
2）掌握 NX 12.0 制图的创建与视图操作。
3）掌握 NX 12.0 制图的尺寸公差和形位公差标注。

◎技能目标
1）会建立各类剖视图及进行编辑。
2）会正确标注工程图的尺寸公差、形位公差、表面粗糙度和文本注释。
3）会正确调用标准图框。
4）会运用工程图尺寸参数预设置和视图显示参数预设置功能。

◎素质目标
1）具有规矩意识，标准意识。
2）提高职业素养，遵守职业道德。

4.1 工作任务

由三维模型转化成二维工程图是各种三维设计软件的基本功能。工程图模块不应理解为传统意义上的二维绘图，它是从三维空间到二维空间经过投影变换得到的二维图形。这些图形严格地与零件的三维模型相关，一般不能在二维空间中随意地进行结构修改，以避免破坏零件模型与视图之间的对应关系。三维实体模型的尺寸、形状和位置的任何改变，都会自动引起二维图形改变。由于此关联性的存在，可以对模型进行多次更改。

在 NX 12.0 工程图模块中完成图 4-1 所示的凸凹模零件图以及图 4-2 所示的弯曲模装配图的创建。通过完成任务，增强标准意识和职业素养。

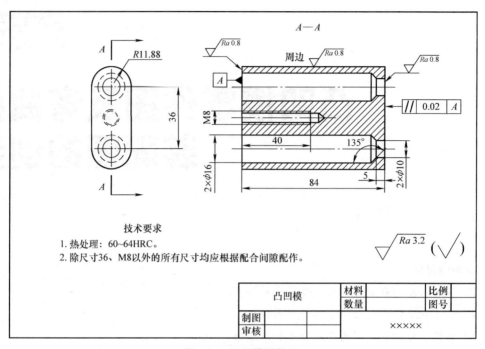

图 4-1 凸凹模零件图

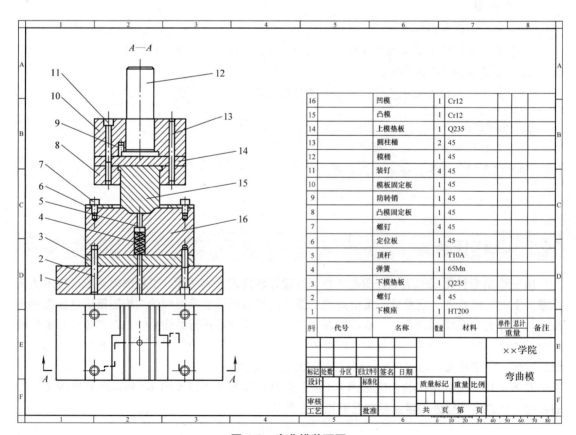

图 4-2 弯曲模装配图

4.2 相关知识

4.2.1 工程图模块的特点

1）NX 12.0 系统的工程图功能是基于创建的单位实体模型的投影得到的，实体模型的尺寸、形状和位置的任何改变均会引起二维工程图的自动改变。因此创建的工程图具有以下显著的特点。

① 工程图与三维模型之间具有完全相关性，三维模型改变会反映在二维工程图上。

② 可以快速建立具有完全相关性的剖视图，并可以自动产生剖面线。

③ 具有自动对齐视图功能，此功能允许用户在图样中快速放置视图，而不必考虑它们之间的对应关系。

④ 能自动生成实体中隐藏线的显示特征。

2）在完成零件实体模型设计后，可以进入工程图应用模块，为零件建立工程图。一般工程图创建的过程如下：

① 进入工程图应用模块：在"应用模块"选项卡中单击"制图"按钮 ，进入 NX12.0 制图工作环境界面。

② 确定图纸：包括图纸大小、投影角、单位、模型与图纸比例。

③ 图纸预设置：设置各种常用的参数。

④ 视图布局：确定主视图，再投影得到其他视图。

⑤ 添加工程图标注对象：标注尺寸、形位公差、表面粗糙度、中心线和文本注释。

⑥ 修改调整：修改图纸的大小、视图比例和尺寸等。

4.2.2 工程图的管理

1. 新建图纸页

在"主页"选项卡中单击"新建图纸页"按钮 ，弹出图 4-3 所示的"工作表"对话框，该对话框提供了 3 种方式来创建新图纸页，分别为"使用模板""标准尺寸"和"定制尺寸"。

（1）使用模板 在"工作表"对话框中的"大小"选项组中选择"使用模板"，可以从对话框出现的列表框中选择系统提供的一种制图模板，如"A0- 无视图""A1- 无视图""A2- 无视图""A3- 无视图""A4- 无视图""A0- 装配无视图"等。单击"确定"按钮即可创建标准图纸。

（2）标准尺寸 在"工作表"对话框中的"大小"选项组中选择"标准尺寸"，如图 4-4 所示，可以从"大小"下拉列表中选择一种标准尺寸样式，如"A0-841×1189""A1-594×841""A2-420×594""A3-297×420""A4-210×297"；可以从"比例"下拉列表中选择一种绘图比例，或者选择"定制比例"来设置所需的比例；在"图纸页名称"文本框中输入新建图纸的名称，或者接受系统自动为新建图纸指定的默认名称；在"设置"选项组中，可以设置"单位"为"毫米"或"英寸"；可以设置投影方式，其中"第一角投影"是根据我国《技术制图》国家标准规定而采用的第一角投影画法，"第三角投影"则是国际标准。

（3）定制尺寸 "定制尺寸"方式是用户自定义的一种图纸创建方式。在"工作表"对话框中的"大小"选项组中选择"定制尺寸"，由用户设置图纸高度、长度、比例、图纸页名称、单位和投影方式等，定义好图纸页后单击"确定"按钮。

图 4-3 "工作表"对话框(使用模板)

图 4-4 "工作表"对话框(标准尺寸)

2. 打开工程图

对于同一个实体模型,采用不同的图幅尺寸和比例建立了多张二维工程图后,当要编辑其中一张或多张工程图时,必须先将工程图打开。在部件导航器的"图纸"节点下列出了所创建的多个图纸页,其中标识有"工作的-活动"字样的图纸页是当前活动的工作图纸页。此时如果要打开其他图纸页作为新的工作图纸页,则在部件导航器中选择它并单击鼠标右键,将弹出一个快捷菜单,如图 4-5 所示,然后从快捷菜单中选择"打开"命令,该图纸页打开后变为活动的工作图纸页。

图 4-5 打开指定图纸页

3. 删除工程图

若要删除某张工程图,可以在部件导航器中选择要删除的图纸,单击鼠标右键,然后在弹出的快捷菜单中选择"删除"命令,即可删除该工程图。

4. 编辑工程图

在添加视图的过程中,如果发现原来设置的工程图参数不合要求(如图幅大小或比例不适当等),可以对工程图的有关参数进行相应修改。在部件导航器中选择要进行编辑的图纸,单击鼠标右键,在弹出的快捷菜单中选择"编辑图纸页"命令,在弹出的"工作表"对话框中修改工程图的名称、尺寸、比例和单位等参数,再单击"确定"按钮。

5. 导航器操作

在 NX 12.0 中提供了部件导航器，它位于绘图工作区的左侧。对应于每一张工程图，有相应的"父子"关系和细节窗口可以显示。在部件导航器中同样有很强大的鼠标右键功能。对应于不同的层次，单击鼠标右键后弹出的快捷菜单是不一样的。

1）在根节点上单击鼠标右键，弹出的快捷菜单如图 4-6 所示。
- ◆ 节点：将整个图纸背景显示栅格。
- ◆ 单色：选中该选项，图纸以黑白显示。
- ◆ 插入图纸页：添加一张新的图纸。
- ◆ 折叠：展开或收缩结构树。
- ◆ 过滤：用于确定在结构树上是否显示和显示哪个节点。

2）在每张具体的图纸上单击鼠标右键，弹出的快捷菜单如图 4-7 所示。
- ◆ 视图相关编辑：对视图的关联性进行编辑。
- ◆ 添加基本视图：向图纸中添加一个基本视图。
- ◆ 添加图纸视图：向图纸中添加一个图纸视图。
- ◆ 编辑图纸页：编辑单张视图。
- ◆ 复制：复制这张图。
- ◆ 删除：删除这张图。
- ◆ 重命名：重新命名图。
- ◆ 属性：查看和编辑图的属性。

图 4-6 根节点对应的快捷菜单

图 4-7 工程图对应的快捷菜单

4.2.3 编辑工程图

1. 删除视图

在绘图工作区中选择要删除的视图，单击鼠标右键，在弹出的快捷菜单中选择"删除"命令，即可将所选的视图从工程图中删除。

2. 编辑视图

在部件导航器中选择"图纸"节点中的工作表中要编辑的视图，或在绘图工作区中选择要编辑的视图，单击鼠标右键，在弹出的快捷菜单中选择"设置"命令，弹出"设置"对话框，应用对话框中的各个选项可重新设定视图旋转角度和比例等参数。

3. 编辑视图边界

单击"菜单"→"编辑"→"视图"→"边界"命令，或者在绘图工作区中选择要编辑的视图，单击鼠标右键，在弹出的快捷菜单中选择"边界"命令，弹出图4-8所示的"视图边界"对话框。对话框上部为视图列表框和视图边界类型选项，下部为定义视图边界和选择相关功能的选项。下面介绍该对话框中的各项参数。

（1）列表框　显示工作窗口中视图的名称。在定义视图边界前，用户先要选择所需的视图。选择视图的方法有两种，一种是在视图列表框中选择视图；另外一种是直接在绘图工作区中选择视图。当视图选择错误时，还可单击"重置"按钮，重新选择视图。

图4-8　"视图边界"对话框

（2）视图边界类型　提供了以下四种方式。

1）自动生成矩形：该类型边界可随模型的更改而自动调整视图的矩形边界。

2）手工生成矩形：该类型边界在定义矩形边界时，在选择的视图中通过按住鼠标左键并拖动来生成矩形边界，该边界也可随模型更改而自动调整。

3）截断线/局部放大图：该类型边界用截断线或局部视图边界线来设置任意形状的视图边界。该类型边界仅仅显示出被定义的边界曲线围绕的视图部分。选择该类型边界后，系统提示选择边界线，用户可用光标在视图中选择已定义的断开线或局部视图边界线。

4.2.4　添加视图

当图纸确定后，就可以在其中进行视图的投影和布局了。在工程制图中，视图一般是用二维图形表示的零件形状信息，而且它也是尺寸标注和符号标注的载体，由不同方向投影得到的多个视图就可以清晰完整地表达零件的信息。

1. 添加基本视图和投影视图

单击"菜单"→"插入"→"视图"→"基本"命令，弹出"基本视图"对话框，如图4-9所示。在该对话框中选择创建视图的部件文件，指定添加的基本视图的类型，并对添加视图类型相对应的参数进行设置，在绘图区指定视图的放置位置，即可生成基本视图。添加基本视图后移动光标，系统会自动转换到添加投影视图状态，"基本视图"对话框转换成图4-10所示的"投影视图"对话框，随铰链线拖动视图，将投影视图定位到合适位置，单击鼠标左键即可，如图4-11所示。

2. 全剖视图

全剖视图是用一个直的剖切平面通过整个零件实体而得到的剖视图。在全剖视图中只包含一个剖切段和两个箭头段。

全剖和阶梯剖

图 4-9 "基本视图"对话框

图 4-10 "投影视图"对话框

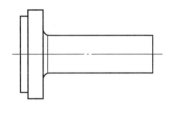

a) 基本视图

b) 投影视图

图 4-11 创建投影视图

单击"菜单"→"插入"→"视图"→"剖视图"命令，或在"主页"选项卡中单击"剖视图"按钮，弹出图 4-12 所示的"剖视图"对话框。在"截面线"选项组中的"方法"下拉列表中选择"简单剖/阶梯剖"选项，将铰链放在剖视图要剖切的位置，在该视图中通过选择对象定义铰链线的矢量方向和截面线段，在绘图区中将剖视图拖动到适当的位置单击鼠标左键，就可以建立简单剖视图，效果如图 4-13 所示。

3. 半剖视图

半剖操作在工程上常用于创建对称零件的剖视图。半剖视图中包含一个剖切段、一个箭头段和一个弯折段。

单击"菜单"→"插入"→"视图"→"剖视图"命令，或在"主页"选项卡中单击"剖视图"按钮，弹出"剖视图"对话框。如图 4-14 所示，在"截面线"选项组中的"方法"下拉列表中选择"半剖"选项。添加半剖视图的步骤包括选择父视图，指定铰链线，指定弯折位置、剖切位置及箭头位置，以及设置剖视图放置位置。

半剖视图

图 4-12 "剖视图"对话框

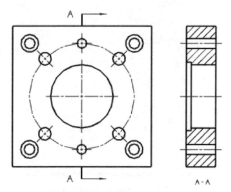

图 4-13 创建全剖视图

在绘图工作区中选择主视图为父视图，再用"矢量选项"指定铰链线，利用视图中的圆心定义弯折位置、剖切位置，最后拖动剖视图边框到理想位置并单击鼠标左键，指定剖视图的中心，单击 <Esc> 键退出，创建的半剖视图如图 4-15 所示。

图 4-14 "剖视图"对话框（半剖）

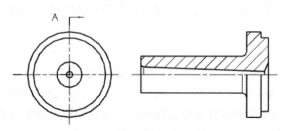

图 4-15 创建的半剖视图

4. 旋转剖视图

单击"菜单"→"插入"→"视图"→"剖视图"命令，或在"主页"选项卡中单击"剖视图"按钮，弹出"剖视图"对话框。如图 4-16 所示，在"截面线"选项组中的"方法"下拉列表中选择"旋转"选项。添加旋转剖的步骤包括选择父视图、指定铰链线、定义旋转点、指定两个剖切段位置和设置剖视图放置位置。

旋转剖视图

在绘图工作区中选择主视图为要剖切的父视图，接着在父视图中选择旋转点，再在旋转点的一侧指定剖切位置，在旋转点的另一侧同样设置剖切位置。完成剖切位置的指定操作后，将光标移到绘图工作区，拖动剖视图边框到理想位置并单击鼠标左键，指定剖视图的放置位置，单击 <Esc> 键退出操作，效果如图 4-17 所示。

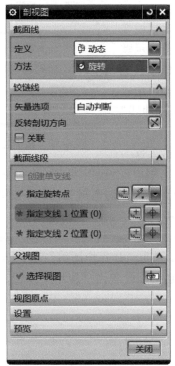

图 4-16 "剖视图"对话框（旋转）

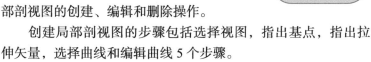

图 4-17 旋转剖视图

5. 局部剖视图

局部剖视图是指通过移除父视图中的一部分区域来创建的剖视图。单击"菜单"→"插入"→"视图"→"局部剖"命令，或在"主页"选项卡中单击"局部剖视图"按钮，弹出图 4-18 所示的"局部剖"对话框，应用对话框中的选项就可以完成局部剖视图的创建、编辑和删除操作。

局部剖视图

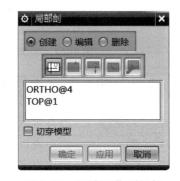

图 4-18 "局部剖"对话框

创建局部剖视图的步骤包括选择视图，指出基点，指出拉伸矢量，选择曲线和编辑曲线 5 个步骤。

在创建局部剖视图之前，用户先要定义和视图关联的局部剖视边界。定义局部剖视边界的方法为：在工程图中选择要进行局部剖视的视图，单击鼠标右键，在快捷菜单中选择"展开"命令，进入扩展环境。用曲线命令在要产生局部剖切的部位创建局部剖切的边界线。完成边界线的创建后，在绘图工作区中单击鼠标右键，在快捷菜单中取消选择"扩大"命令，恢复到工程图状态。这样即建立了与选择视图相关联的边界线。

选择视图：当系统弹出图 4-18 所示的对话框时，"选择视图"命令自动激活，并提示选择视图。用户可在绘图工作区中选择已建立局部剖视边界的视图作为父视图，并可在对话框中勾选"切穿模型"，用来将局部剖视边界以内的图形部分清除。

指出基点：基点是用来指定剖切位置的点。选择视图后，该命令被激活，在与局部剖视图相关的投影视图中选择一点作为基点，以指定局部剖的剖切位置。

指出拉伸矢量：指定了基点位置后，"局部剖"对话框变为图 4-19 所示的矢量选项形式。这时，绘图工作区中会显示默认投影方向，用户可以接受默认方向，也可用矢量命令指定其他方向作为投影方向；如果要求的方向与默认方向相反，则可单击"矢量反向"按钮。设置合适的投影方向后，单击"选择曲线"按钮，进入下一步操作。

图 4-19 指出拉伸矢量

选择曲线：曲线决定了局部剖视图的剖切范围。进入这一步后，"局部剖"对话框变为图 4-20 所示的形式。此时，用户可利用对话框中的"链"按钮选择剖切面，也可直接在图形中选择。当选取错误时，可单击"取消选择上一个"按钮来取消前一次选择。如果选择的剖切边界符合要求，则进入下一步。

编辑曲线：选择了局部剖视边界后，"编辑曲线"按钮被激活，"局部剖"对话框变为图 4-21 所示的形式。如果用户选择的边界不理想，可勾选"对齐作图线"对其进行编辑和修改。如果用户不需要对边界进行修改，可直接跳过这一步，单击"应用"按钮，即可生成图 4-22 所示局部剖视图。

图 4-20 选择剖切边界

图 4-21 编辑剖切边界

局部放大图

6. 局部放大视图

在绘制工程图时，经常需要将某些细小结构（如退刀槽、越程槽等，以及在视图中表达不够清楚或者不便标注尺寸的部分结构）进行放大显示。这时就可以用局部放大视图操作来放大显示某部分的结构。局部放大视图的边界可以定义为圆形，也可以定义为矩形。

单击"菜单"→"插入"→"视图"→"局部放大图"命令，或在"主页"选项卡中单击"局部放大图"按钮，弹出"局部放大图"对话框，如图 4-23 所示。在操作过程中，需在工程图中定义放大视图边界的类型，指定要放大的中心点，然后指定放大视图的边界点。在对话框中可以设置视图放大的比例，并拖动视图边框到理想位置，系统会将设置的局部放大图定位在工程图中，效果如图 4-24 所示。

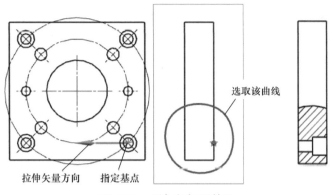

图 4-22　局部剖视图效果

图 4-23　"局部放大图"对话框

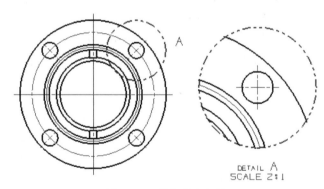

图 4-24　局部放大视图

4.2.5　标注工程图

工程图的标注是反映零件尺寸和公差信息的最重要的方式。在尺寸标注之前，应对标注时的相关参数进行设置，如尺寸标注样式、尺寸公差及标注的注释等。利用标注功能，用户可以在工程图中添加尺寸、形位公差、制图符号和文本注释等内容。

尺寸标注

1. 尺寸标注

在工程图中标注的尺寸值不能作为驱动尺寸，也就是说，修改工程图上标注的原始尺寸,模型对象本身的尺寸大小不会发生改变。由于 UG 工程图模块和三维实体造型模块是完全关联的,在工程图中标注的尺寸就是直接引用三维模型真实的尺寸,具有实际的含义,因此无法像二维软件中的尺寸可以进行修改,如果要修改零件中的某个尺寸参数,则需要在三维实体模型中修改。如果三维模型被修改,工程图中的相应尺寸会自动更新,从而保证了工程图与模型的一致性。

单击"菜单"→"插入"→"尺寸"命令,系统弹出"尺寸"菜单,如图 4-25 所示。在该菜单中选择相应选项可以在视图中标注对象的尺寸。"尺寸"工具栏如图 4-26 所示,在该工具栏中选择相应命令也可以标注尺寸。

图 4-25 "尺寸"菜单

图 4-26 "尺寸"工具栏

下面介绍一些常用的尺寸标注方法。

(1) 快速尺寸 该工具由系统自动推断尺寸标注时采用的标注类型,默认包括所有的尺寸标注形式。以下为"快速尺寸"对话框中的各种测量方法。

1) 自动推断:系统根据所选对象的类型和鼠标位置自动判断选用哪种尺寸标注类型进行尺寸标注。

2) 水平:用于指定与 X 轴平行的约束两点间距离的尺寸,选择好参考点后,移动光标到合适位置,单击"确定"按钮就可以在所选的两个点之间建立水平尺寸标注。

3) 竖直:用于指定与 Y 轴平行的约束两点间距离的尺寸,选择好参考点后,移动光标到合适位置,单击"确定"按钮就可以在所选的两个点之间建立竖直尺寸标注。

4) 点到点:用于指定约束两点间的距离,选择好参考点后,移动光标到合适位置,单击"确定"按钮就可以建立尺寸标注,且该标注平行于所选的两个参考点的连线。

5) 垂直:选择该选项后,首先选择一个线性的参考对象,线性参考对象可以是存在的直线、线性的中心线、对称线或者是圆柱中心线,然后利用捕捉点工具条在视图中选择定义尺寸的参考点,移动光标到合适位置,单击"确定"按钮就可以建立尺寸标注。建立的尺寸为参考点和线性参考之间的垂直距离。

6) 圆柱式:该选项以所选两对象或点之间的距离建立圆柱的尺寸标注。系统自动将默认的直径符号添加到所建立的尺寸标注上。

7) 斜角:用于标注两个不平行的线性对象间的角度尺寸。

8) 径向:用于建立径向尺寸标注,所建立的尺寸标注包括一条引线和一个箭头,并且箭头从标注文本指向所选的圆弧。系统还会在所建立的标注中自动添加半径符号。

9）直径：用于标注视图中的圆弧或圆。在视图中选取圆弧或圆后，系统自动建立尺寸标注，并且自动添加直径符号，所建立的标注有两个方向相反的箭头。

（2）线性　在两个对象或点位置之间创建线性尺寸。其中"孔标注"用于标注视图中孔的尺寸。在视图中选取圆弧特征时，系统自动创建尺寸标注，并且自动添加直径符号。

（3）倒斜角　用于定义倒角尺寸，但是该选项只能用于标注 45° 的倒角。在"尺寸型式"对话框中可以设置倒角标注的文字、导引线等的类型。

（4）厚度　用于标注等间距两对象之间的距离尺寸。选择该选项后，在图样中选取两个同心而半径不同的圆，然后移动光标到合适位置，单击鼠标左键，系统标注出所选两圆的半径差。

（5）弧长　用于建立所选弧长的长度尺寸标注，系统自动在标注中添加弧长符号。

（6）周长　用于创建周长约束，以控制选定直线和圆弧的总体长度。

（7）坐标　用于创建一个坐标尺寸，测量从公共点沿一条坐标基线到某一对象位置的距离。坐标尺寸由文本和一条延伸线（可以是直的，也可以有一段折线）组成，它描述了坐标原点（公共点）到对象上某个位置沿坐标基线的距离。

使用相关的尺寸工具创建尺寸后，有时还需要根据设计要求为尺寸文本添加前缀，或为尺寸设置公差等。要编辑某一个尺寸，可以对该尺寸使用鼠标右键的快捷命令。

2. 表面粗糙度标注

表面粗糙度是指零件表面具有的较小间距的峰、谷所组成的微观几何形状特性。它是由于切削加工过程中的刀痕、切屑分裂时的塑性变形、刀具与工件表面间的摩擦及工艺系统的高频振动等原因所形成的。它对零件的使用性能有重要的影响，在设计零件时必须对其表面粗糙度提出合理的要求。

在"主页"选项卡中单击"注释"工具栏中的"表面粗糙度符号"按钮√，弹出图 4-27 所示的"表面粗糙度"对话框。在"除料"下拉列表中选择一种除料选项。选择好除料选项后，在"属性"选项组中设置相关的参数。展开"设置"选项组，根据设计要求定制表面粗糙度样式和角度等选项，如图 4-28 所示。对于某方向上的表面粗糙度，可设置反转文本以满足相应的标注规范。另外，还可以根据设计需要设置表面粗糙度符号是否带有圆括号，以及如何带圆括号。如果需要指引线，可使用对话框中的"指引线"选项组，指定原点以放置表面粗糙度符号，最后单击"关闭"按钮。

表面
粗糙度标注

3. 文本注释

在"主页"选项卡中单击"注释"工具栏中的"注释"按钮 A，弹出图 4-29 所示的"注释"对话框。要设置中文字体，则必须在"格式设置"下拉列表中选择字体形式为"chinesef_fs"，在 <F5> 与 <F> 之间输入"技术要求"，移动光标在绘图区中对应位置放置文本。

文本注释

4. 形位公差

为了提高产品质量，使其性能优良并有较长的使用寿命，除了确定恰当的尺寸公差和表面粗糙度外，还应规定适当的几何精度，以限制零件要素的形状和位置公差，并将这些要求标注在图样中。

形位
公差标注

图4-27 "表面粗糙度"对话框

图4-28 "设置"选项组

（1）特征控制框 在"制图"应用模块下，选择"主页"选项卡，单击"注释"工具栏中的"特征控制框"按钮，弹出图4-30所示"特征控制框"对话框。在"框"选项组中设置选

图4-29 "注释"对话框

图4-30 "特征控制框"对话框

项目 4　凸凹模零件图及弯曲模装配图的创建

项。单击"设置"按钮，在弹出的"特征控制框设置"对话框中选择"文字"选项卡，"文本参数"选择图 4-31 所示的"kanji"，使数字小数点为实心点，单击"确定"按钮。标注的形位公差如图 4-32 所示。

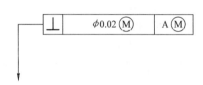

图 4-31　"特征控制框设置"对话框　　　　　图 4-32　形位公差标注样式

（2）基准特征符号　单击"菜单"→"插入"→"注释"→"基准特征符号"命令，弹出图 4-33 所示"基准特征符号"对话框。在"指引线"选项组中的"类型"下拉列表中选择"基准"，在"基准标识符"选项组中的"字母"文本框中输入基准符号名称，选择曲线并拖动光标使基准符号放置在合理的位置，如图 4-34 所示，单击"关闭"按钮。

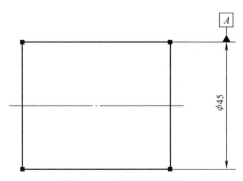

图 4-33　"基准特征符号"对话框　　　　　图 4-34　创建基准符号

4.3 任务实施

任务 1 凸凹模零件图的创建

凸凹模零件图的创建

1. 建立零件图图纸

启动 NX 12.0，打开相应模型文件（凸凹模 .prt），单击"应用模块"选项卡，再单击"设计"工具栏中的"制图"按钮，进入"制图"模块。单击"新建图纸页"按钮，弹出图 4-35 所示"工作表"对话框。在"大小"选项组中选择"定制尺寸"选项，在"高度"文本框中输入"210"，在"长度"文本框中输入"297"，点选"毫米"，单击（第一角投影），最后单击"确定"按钮退出当前对话框。

2. 添加基本视图和剖视图

（1）添加俯视图　单击"基本视图"按钮，弹出"基本视图"对话框。如图 4-36 所示，选用系统默认的模型视图和比例，将光标移到图幅范围内，按照习惯指定视图放置位置在图幅的左侧，单击鼠标左键，添加的俯视图如图 4-37 所示，系统弹出"投影视图"对话框，单击 <Esc> 键退出。

图 4-35　"工作表"对话框
（凸凹模）

图 4-36　"基本视图"对话框

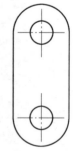

图 4-37　添加俯视图
（凸凹模）

（2）添加剖视图　单击"视图"工具栏中的"剖视图"按钮，弹出"剖视图"对话框，如图 4-38 所示。在该对话框中的"方法"下拉列表中选择"简单剖/阶梯剖"选项，然后选择刚创建的父视图，选择一个圆的圆心为剖切位置，在视图右侧适当位置单击鼠标左键，指定剖视图的放置位置，如图 4-39 所示。单击 <Esc> 键退出对话框。

项目 4　凸凹模零件图及弯曲模装配图的创建

图 4-38　"剖视图"对话框

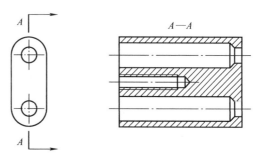

图 4-39　添加剖视图操作

3. 显示隐藏线

选择主视图，单击鼠标右键，在弹出的快捷菜单中单击"设置"命令，弹出图 4-40 所示"设置"对话框。选择对话框中的"隐藏线"选项，在"处理隐藏线"下拉列表中选择虚线，宽度选择"0.18mm"，单击"确定"按钮，效果如图 4-41 所示。

图 4-40　"设置"对话框

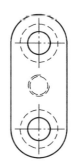

图 4-41　显示隐藏线效果

4. 添加尺寸标注

首先标注螺纹尺寸 M8。单击"快速"按钮，弹出"快速尺寸"对话框，在对话框中的"方法"下拉列表中选择"竖直"选项，标注 M8 尺寸。在弹出的屏显编辑栏中进行相关参数设置，如图 4-42 所示。然后，在合适位置放置尺寸标注即可。同理，在标注"2×φ10"和"2×φ16"时，设置"方法"为"圆柱式"，然后按照图 4-43 所示设置相关参数，在合适位置放置尺寸标注。其余尺寸可采用"自动判断"方法标注。标注的尺寸如图 4-44 所示。

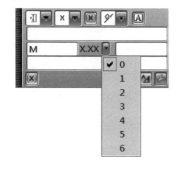

图 4-42　屏显编辑栏参数设置（一）

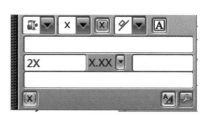

图 4-43　屏显编辑栏参数设置（二）

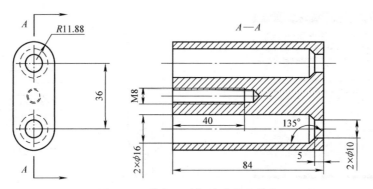

图 4-44 常规尺寸标注（凸凹模）

5．标注形位公差

1）在"主页"选项卡中的"注释"工具栏中单击"基准特征符号"按钮，弹出"基准特征符号"对话框，如图 4-45 所示。在"基准标识符"选项组中的"字母"文本框中输入"A"，单击"指引线"选项组中的按钮，然后选择剖视图左侧直线，最后放置基准符号到合适位置并单击鼠标左键，单击"关闭"按钮。

2）在"主页"选项卡中的"注释"工具栏中单击"特征控制框"按钮，弹出"特征控制框"对话框，如图 4-46 所示。在"框"选项组中的"特性"下拉列表中选择"∥平行度"，在"框样式"下拉列表中选择"单框"，在"公差"文本框中输入数值"0.02"，在"第一基准参考"下拉列表中选择"A"。选择标注对象后，按住鼠标左键拖动到合适位置，单击鼠标左键，放置的形位公差图框如图 4-47 所示，单击"关闭"按钮。

图 4-45 "基准特征符号"对话框（凸凹模）

图 4-46 "特征控制框"对话框（凸凹模）

项目 4 凸凹模零件图及弯曲模装配图的创建 119

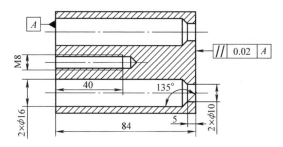

图 4-47 形位公差标注（凸凹模）

6. 标注表面粗糙度符号

在"主页"选项卡中的"注释"工具栏中单击"表面粗糙度符号"按钮√，弹出"表面粗糙度"对话框，如图 4-48 所示。在"除料"下拉列表中选择"√修饰符，需要除料"选项，在"波纹"文本框中输入"Ra0.8"，选择放置边，在确切的放置位置单击鼠标左键。单击"注释"工具栏中的"注释"按钮A，打开"注释"对话框。展开"文本输入"选项组，在"格式设置"下拉列表中选择"chinesef_fs"选项，在文本框中输入"周边"，光标移到图 4-49 所示表面粗糙度数值前面，确定放置位置后单击鼠标左键，按 <Esc> 键退出"注释"对话框。

同理，在其他部位创建表面粗糙度符号。

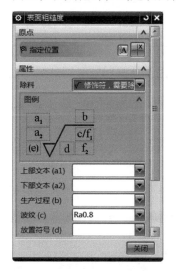

图 4-48 "表面粗糙度"对话框（凸凹模）

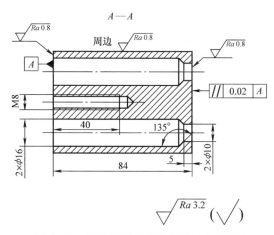

图 4-49 表面粗糙度符号标注（凸凹模）

7. 调用图框

单击"文件"→"导入"→"部件"命令，弹出"导入部件"对话框；单击"确定"按钮，打开相应图框文件（A4tukuang.prt），单击"OK"按钮，弹出"点"对话框；选用默认值，单击"确定"按钮，将图框导入，如图 4-50 所示。

8. 添加文本

在"主页"选项卡中的"注释"工具栏中单击"注释"按钮A，弹出"注释"对话框。展开"文本输入"选项组，在"格式设置"下拉列表中选择"chinesef_fs"选项，在文本框中输入技术要求内容，如图 4-51 所示。单击对话框中的"设置"按钮，弹出"注释设置"对话框，如图 4-52 所示。在"文本参数"选项组中的"高度"文本框中输入"5",单击"确定"按钮,移动光标将文本移到合适位置,单击鼠标左键。然后,修改文本内容和字符大小,添加其他文本,完成后按 <Esc> 键退出。

至此完成图 4-1 所示零件图的创建,最后单击按钮 🔲 保存文件。

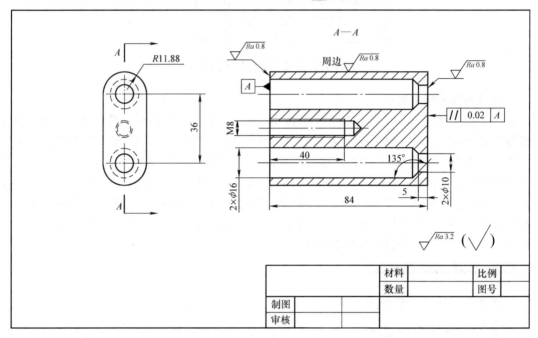

图 4-50 调用图框(凸凹模)

图 4-51 "注释"对话框(凸凹模)

图 4-52 "注释设置"对话框(凸凹模)

任务2 弯曲模装配图的创建

1. 建立工程图图纸

启动 NX 12.0,并打开相应模型文件(弯曲模.prt)。单击"菜单"→"格式"→"移动至图层"命令,弹出"类选择"对话框;选择上模部分所有零件,单击"确定"按钮,弹出"图层移动"对话框;在该对话框的"目标图层或类别"文本框中输入"7",单击"应用"按钮。单击"图层移动"对话框中的"选择新对象"按钮,弹出"类选择"对话框;选择下模部分所有零件,单击"确定"按钮,弹出"图层移动"对话框;在该对话框的"目标图层和类别"文本框中输入"8",单击"确定"按钮。

弯曲模装配图的创建

单击"应用模块"选项卡中的"设计"工具栏中的"制图"按钮,进入制图模块。单击"新建图纸页"按钮,弹出"工作表"对话框。如图 4-53 所示,在"大小"选项组中选择"标准尺寸",在"大小"下拉列表中选择"A3-297×420",在"比例"下拉列表中选择"定制比例",在文本框中输入"1:1",点选"毫米",单击按钮 (第一角投影),单击"确定"按钮。

2. 添加基本视图和剖视图

(1)添加俯视图 单击"基本视图"按钮,弹出"基本视图"对话框。如图 4-54 所示,选用系统默认的模型视图,比例为1:1.5,将光标移到图幅范围内,按照习惯指定视图放置的位置为图幅的左侧,单击鼠标左键,添加的俯视图如图 4-55 所示。系统弹出"投影视图"对话框,按 <Esc> 键退出。

图 4-53 "工作表"对话框（弯曲模）

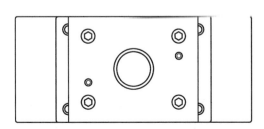

图 4-54 "基本视图"对话框   图 4-55 添加俯视图（弯曲模）

(2)添加阶梯剖视图 选择俯视图,单击鼠标右键,单击"设置"命令,弹出"设置"对话框。如图 4-56 所示,选择"隐藏线",在"格式"选项组中选择虚线,设置线宽为 0.35mm,

单击"确定"按钮,效果如图4-57所示。单击"视图"工具栏中的"剖视图"按钮,弹出"剖视图"对话框。如图4-58所示,在"方法"下拉列表中选择"简单剖/阶梯剖"选项,然后选择刚创建的俯视图,捕捉螺钉孔、销钉孔和顶杆孔的圆心为剖切位置,在视图上方适当位置单击鼠标左键,指定剖视图的放置位置,结果如图4-59所示。按<Esc>键退出对话框。

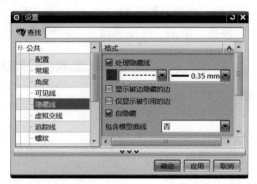

图4-56 "设置"对话框

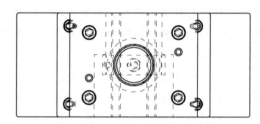

图4-57 显示隐藏线

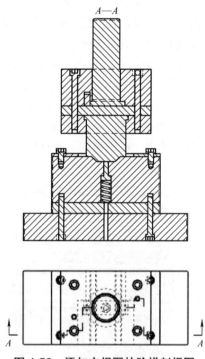

图4-58 "剖视图"对话框

图4-59 添加主视图的阶梯剖视图

3. 将螺钉、定位销、顶杆和弹簧转为非剖切

选择主视图,单击鼠标右键,在弹出的快捷菜单中单击"编辑"命令,弹出"剖视图"对话框,如图4-60所示。在该对话框中的"设置"选项组中单击"选择对象"按钮,在主视图中选中螺钉、定位销、顶杆和弹簧,单击"关闭"按钮。再选择主视图,单击鼠标右键,在弹出的快捷菜单中单击"更新"命令,效果如图4-61所示。

项目 4　凸凹模零件图及弯曲模装配图的创建

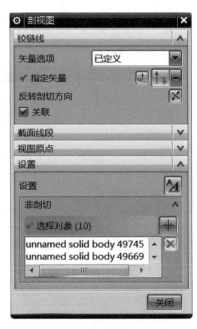

图 4-60　"剖视图"对话框

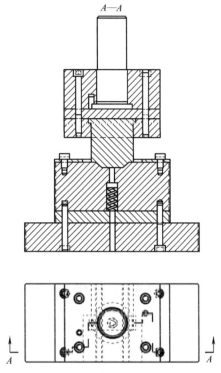

图 4-61　标准件修改为非剖切视图

4. 插入"2D 中心线"

在"注释"工具栏中单击中心线下拉菜单中的"2D 中心线"按钮 ⊕，弹出"2D 中心线"对话框，如图 4-62 所示。分别在主视图中选择螺钉、定位销和顶杆的"第 1 侧"对象和"第 2 侧"对象来插入 2D 中心线，单击"确定"按钮，效果如图 4-63 所示。

图 4-62　"2D 中心线"对话框

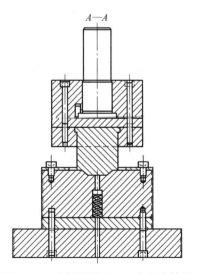

图 4-63　主视图插入 2D 中心线效果

5. 隐藏虚线和上模部分

分别在主视图和俯视图中单击鼠标右键，在弹出的快捷菜单中单击"设置"命令，弹出"设置"对话框。如图4-64所示，选择"隐藏线"，在"格式"选项组中选择"不可见"选项，单击"确定"按钮。单击"菜单"→"格式"→"图层设置"命令，弹出"图层设置"对话框，取消勾选第7层，如图4-65所示，隐藏上模部分，只显示下模部分。

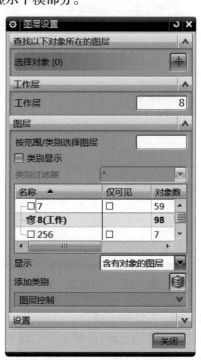

图4-64 "设置"对话框　　　　图4-65 "图层设置"对话框

6. 添加下模部分俯视图

单击"基本视图"按钮，弹出"基本视图"对话框；选用系统默认的模型视图和比例，将光标移到俯视图右侧，单击鼠标左键，添加的下模俯视图如图4-66b所示。系统弹出"投影视图"对话框，单击<Esc>键退出。

7. 调整显示模具俯视图的边界大小

在模具俯视图（图4-66a）边界单击鼠标右键，在弹出的快捷菜单中单击"边界"命令，弹出"视图边界"对话框，如图4-67所示。在对话框中的下拉列表中选择"由对象定义边界"选项，在模具俯视图中单击左侧边，单击"确定"按钮，效果如图4-68所示。

8. 移动下模部分俯视图

选择下模俯视图边框，单击鼠标左键并拖动，使下模俯视图左侧边线和模具俯视图左侧边线重合，如图4-69所示。

9. 调用标准图框

单击"文件"→"导入"→"部件"命令，弹出"导入部件"对话框。单击"确定"按钮，选择相应图框文件（A3-Z.prt），单击"OK"按钮，弹出"点"对话框。选用默认值，单击"确定"按钮，图框导入结果如图4-70所示。

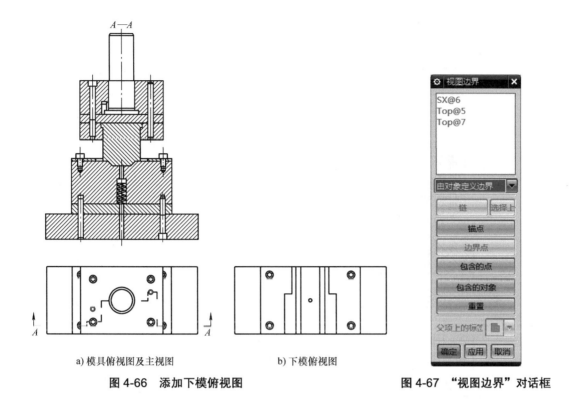

a) 模具俯视图及主视图　　　b) 下模俯视图

图 4-66　添加下模俯视图

图 4-67　"视图边界"对话框

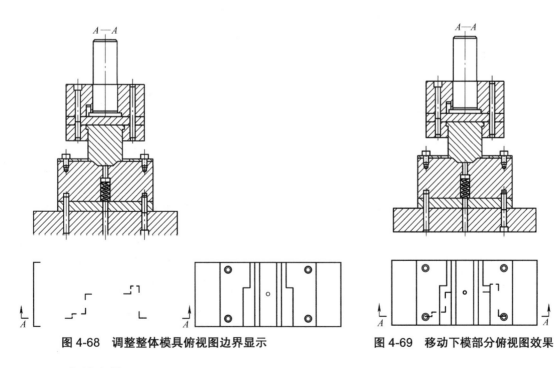

图 4-68　调整整体模具俯视图边界显示　　　图 4-69　移动下模部分俯视图效果

10. 标注序号

在"主页"选项卡的"注释"工具栏中单击"符号标注"按钮，弹出"符号标注"对话框,如图4-71所示。在该对话框中的"类型"下拉列表中选择"下划线",在"文本"文本框中输入零件序号,指定原点后按住鼠标左键拖动到合适位置,单击鼠标左键,完成一个零件序号的标注。同理,标注其他零件序号,如图4-72所示。全部零件序号标注完成后单击"关闭"按钮。

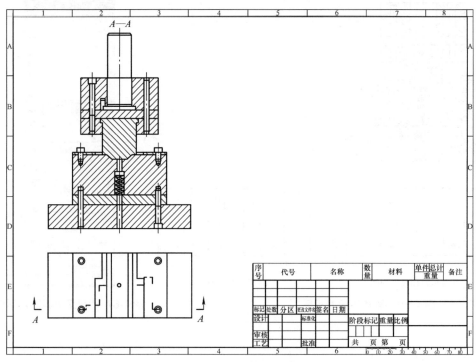

图 4-70 调用标准图框

图 4-71 "符号标注"对话框

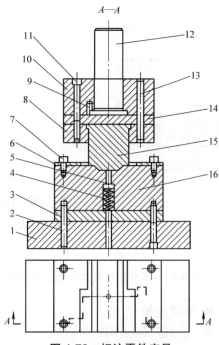

图 4-72 标注零件序号

11. 填写标题栏

在"主页"选项卡中的"注释"工具栏中单击"注释"按钮 A，弹出"注释"对话框。如图 4-73 所示，在"格式设置"下拉列表中选择"chinesef"选项，在文本框中输入"弯曲模"，然后将文本放在标题栏中，如图 4-74 所示。

图 4-73 "注释"对话框

图 4-74 填写标题栏内容

12. 创建装配明细表

选择标题行，单击鼠标右键，在弹出的快捷菜单中选择"插入"→"行下方"，如图 4-75 所示，增加一行明细表，结果如图 4-76 所示。同理，增加 16 行明细表。

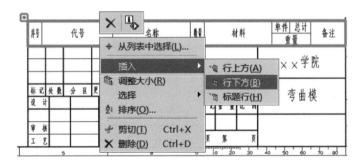

图 4-75 创建明细表

图 4-76 创建一行明细表

13. 填写明细表内容

双击明细表单元格，输入明细表中的相关内容，如图 4-77 所示。至此完成弯曲模装配工程图的创建。

16		凹模	1	Cr12			
15		凸模	1	Cr12			
14		上模垫板	1	Q235			
13		圆柱销	2	45			
12		模柄	1	45			
11		螺钉	4	45			
10		模柄固定板	1	45			
9		防装销	1	45			
8		凸模固定板	1	45			
7		螺钉	4	45			
6		定位板	1	45			
5		顶杆	1	T10A			
4		弹簧	1	65Mn			
3		下模垫板	1	Q235			
2		螺钉	4	45			
1		下模座	1	HT200			
序号	代号	名称	数量	材料	单件	总计	备注
					重量		

图 4-77 填写明细表的内容

4.4 训练项目

1. 创建图 4-78 所示浇口套零件图。

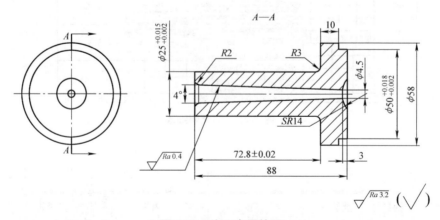

图 4-78 浇口套零件图

2. 创建图 4-79 所示动模板零件图。

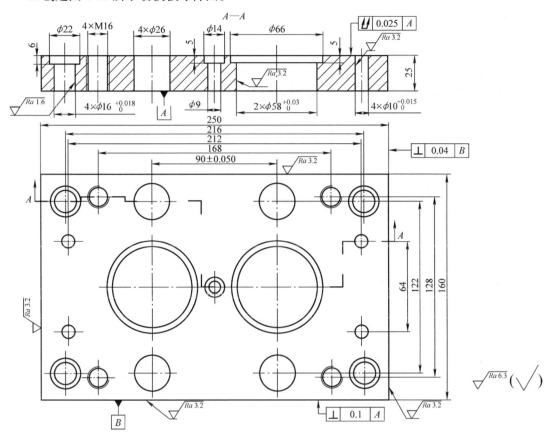

图 4-79　动模板零件图

项目 5

面板及接插件模流分析

◎知识目标
1）掌握网格划分、材料选择以及注塑工艺参数设置。
2）掌握 Moldflow 分析流程。

◎技能目标
1）会正确分析浇口位置。
2）会注塑成型充填分析。
3）会注塑成型冷却分析。
4）会注塑成型翘曲分析。

◎素质目标
1）树立精品意识，工匠精神。
2）具有国际视野，勇于探究。

5.1 工作任务

随着工业的飞速发展，塑料制品的用途日益广泛，注射成型工艺空前发展，仅依靠经验设计塑件产品及模具已经不能更好地满足需要，企业越来越多地利用注塑模流分析技术来辅助进行塑件和塑料模具的设计，指导塑料成型生产。

本项目通过对接线盒面板进行最佳浇口位置分析（图5-1），以及对塑料接插件进行冷却、流动和翘曲分析（图5-2），详细介绍使用 Moldflow 软件分析的过程和方法。

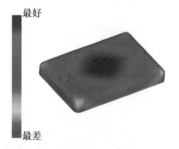

图 5-1　面板浇口位置分析

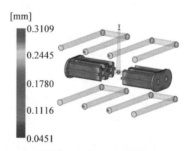

图 5-2　接插件冷却、流动和翘曲分析

5.2 相关知识

5.2.1 Moldflow 基本操作

1. Moldflow 用户界面

（1）Moldflow 主要组成　Moldflow 的主要组成部分包括菜单栏（选项卡）、工具栏、工程管理视窗、任务视窗、模型显示视窗、层管理视窗和日志视窗，如图 5-3 所示。各部分功能介绍如下。

图 5-3　Moldflow 用户界面

◆ 选项卡：位于界面的最上方，包括"主页""工具""查看""几何""网格""边界条件""结果""报告""Autodesk 帐户""开始并学习"和"社区"，如图 5-4 所示。

图 5-4　选项卡

◆ 工具栏：工具栏位于选项卡下方，如图 5-5 所示。常用的命令基本集中在"主页"选项卡中，通过单击该选项卡中的命令按钮，可激活不同的命令工具栏。不同选项卡中的命令集合是不一样的。以"网格"选项卡中的命令为例，单击图 5-5 所示"主页"选项卡中的"网格"按钮，即可弹出图 5-6 所示的"网格"工具栏。

图 5-5　"主页"选项卡中的工具栏

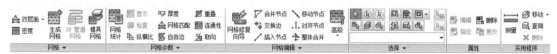

图 5-6 "网格"选项卡中的工具栏

◆ 工程管理视窗:位于用户界面的左上方,用于显示当前工程项目所包含的所有方案任务,用户可以对各个方案进行重命名、复制、删除等操作,如图 5-7 所示。

◆ 任务视窗:位于工程管理视窗下方,用于列出分析所需的基本步骤,显示当前分析状态,如图 5-8 所示。

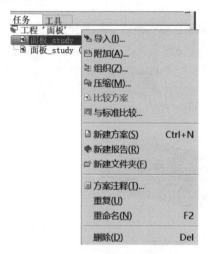

图 5-7 工程管理视窗　　图 5-8 任务视窗

◆ 模型显示视窗:用于显示模型和分析结果。

◆ 层管理视窗:位于任务视窗下方,用户可以进行新建、删除、激活、显示、设定图层等操作,对视窗显示实现层控制,如图 5-9 所示。

（2）各选项卡及其功能

1）主页:导入、导出模型,创建网格类型、新几何、网格,设置成型工艺等。

2）工具:可以搜索材料、录制宏和定义设置等。

3）查看:可以执行各个工具栏的打开/关闭和锁定/解锁视图等命令。

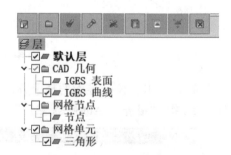

图 5-9 层管理视窗

4）几何:方便创建点、线、面的基本图形元素,通常用于手动创建浇注系统和冷却水路。

5）网格:可以执行网格生成、网格缺陷诊断、网格修复和柱体单元创建等操作。

6）边界条件:包括设置注射位置、冷却液入口、关键尺寸和约束等。

7）结果:可以执行绘图新建、翘曲结果查看、绘图属性编辑和绘图结果查看等操作。

8）报告:可以执行自动生成分析结果报告等命令。

2. Moldflow 基本流程

Moldflow 进行注射分析的基本操作流程为:新建工程项目→导入产品模型→划分网格→诊

断并修复网格缺陷→选择分析项目→选择分析材料→设定成型工艺参数→开始分析→查看分析结果→制作分析结果报告。

（1）建立模型 包括新建一个工程项目，导入或新建 CAD 模型，划分网格，检验及修改网格。导入或新建 CAD 模型时，通常还需根据分析项目的具体要求，对模型进行一定的简化。

在 Moldflow 中，要建立一个分析模型，需要先建一个工程项目，再新建一个 CAD 模型，或利用通用数据格式导入利用 UG、Pro/E 等软件创建的模型。然后，对该模型进行网格划分。根据需要设置网格的类型和尺寸等参数，并对划分好的网格进行检验，删除面积为零和多余的网格，修正畸变严重的网格。

网格划分和修改完毕，需要设定浇口位置。有时还需创建浇注和冷却系统，并确定主流道、分流道及冷却水道的大小及位置。

（2）设定参数 包括选择分析类型、成型材料和工艺参数。参数设定的过程中首先要确定分析的类型，根据分析的主要目的选择相应的模块进行分析。然后，在材料库中选择成型材料，或自行设定材料的各种物理参数。最后，按照注射成型的不同阶段，设定相应的温度、压力和时间等工艺参数。

（3）分析结果 前处理都完成后，就可以进行模拟分析了。根据模型的大小和网格数量，分析的时间长短不一。在分析结束后，可以看到产品成型过程中填充过程、温度场、压力场的变化和分布，以及产品成型后的形状等信息。

3. 分析任务列表

分析任务面板显示开始一个分析所需的基本操作的列表。分析任务面板中的图标及其描述见表 5-1。

表 5-1 分析任务面板中的图标及其描述

图标	名称	描述
	模型转换	表示几何模型最初的文件格式
	中性面网格模型	表明网格模型的划分采用中性面网格的划分方法
	双层面网格模型	表明网格模型的划分采用表面网格的划分方法
	3D 网格模型	表明网格模型的划分采用 3D 网格单元的划分方法
	分析序列	显示分析序列，如 Fill、Flow 或 Cool + Flow + Warp
	材料	显示选择的材料，并可以搜索新的材料及查看材料参数
	进浇节点	设置产品上的浇口位置
	水路	设置冷却系统参数，并进入水路创建向导
	工艺设置	设置所有与所选分析序列相对应的分析参数
	开始分析	开始分析或打开 MPI 的任务管理器
	结果	列出所有的分析结果，包括屏幕输出信息、结果摘要、分析检查和各个图形结果

5.2.2 常用命令

1. 文件

（1）新建工程　可在设定的保存目录下建立新的工程项目，新建工程项目和已运行的工程项目是同级的，可以互相切换当前的活动状态。

（2）打开工程　打开已存在的工程项目。

（3）关闭工程　将运行的工程项目关闭，但不关闭模流软件。

（4）参数设置　单击"开始"→"选项"命令，弹出"选项"对话框，如图 5-10 所示。在参数设置中可以设置尺寸单位，有"公制单位"和"美国英制单位"两个选项。为防止数据丢失，应设置系统自动保存文件的时间间隔。

图 5-10　"选项"对话框

鼠标操作设置用来定义鼠标的右键、中键、滚轮以及鼠标与键盘组合的使用，能够完成旋转、平移、局部放大、居中、重设、测量、全屏等功能，如图 5-11 所示。

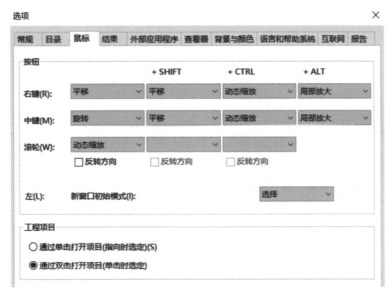

图 5-11 鼠标操作设置

2. 查看
（1）用户界面　可以执行将各个工具条显示在工作界面上或隐藏显示等操作。
（2）工程和方案任务　显示或隐藏工程项目区。
（3）注释　对分析过程或分析结果做出注释。
（4）层　显示或隐藏管理层控制面板。

3. 建模
单击"主页"选项卡中的"几何"按钮，弹出"几何"工具栏，如图 5-12 所示。

图 5-12 "几何"工具栏

（1）节点创建　根据产生方式的不同，创建节点可以选择 5 种方式。

1) 单击"创建"→"节点"→"按坐标定义节点"按钮，弹出"按坐标定义节点"对话框，如图 5-13 所示。在指定的坐标系下，直接输入待创建点的 3 个坐标值，输入坐标值时，数值之间可以是空格或逗号隔开，但一次输入时格式应一致。

2) 单击"创建"→"节点"→"在坐标之间的节点"按钮，弹出"在坐标之间的节点"对话框，如图 5-14 所示。在两个已存在点之间插入 1 个或数个节点，节点间距相同。对话框中的"节点数"用于指定插入节点的个数。

3) 单击"创建"→"节点"→"按平分曲线定义节点"按钮，弹出"按平分曲线定义节点"对话框，在已知曲线上创建等分点，如图 5-15 所示。在"节点数"文本框中输入等分个数。如果选中"在曲线末端创建节点"复选框，则创建包括曲线两端点在内的点。

4) 单击"创建"→"节点"→"按偏移定义节点"按钮，弹出"按偏移定义节点"对话框，已知一个节点，指定偏移值，创建若干新节点，如图 5-16 所示。

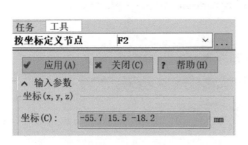
图 5-13 "按坐标定义节点"对话框

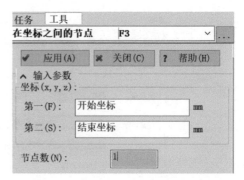
图 5-14 "在坐标之间的节点"对话框

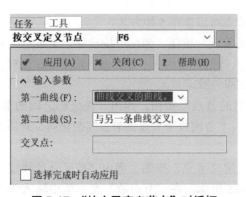
图 5-15 "按平分曲线定义节点"对话框

图 5-16 "按偏移定义节点"对话框

5)单击"创建"→"节点"→"按交叉定义节点"按钮,弹出"按交叉定义节点"对话框,已知两条交叉曲线,指定"交叉点",创建若干新节点,如图 5-17 所示。

(2)创建直线 单击"创建"→"曲线"→"创建直线"按钮,弹出"创建直线"对话框,连接两个已知点,构造一条线段,如图 5-18 所示。注意第二个坐标有"绝对"和"相对"两个选项。用光标拾取第二点时,不存在绝对坐标和相对坐标问题。

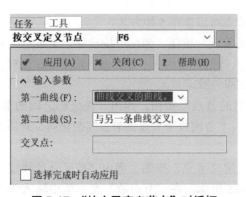
图 5-17 "按交叉定义节点"对话框

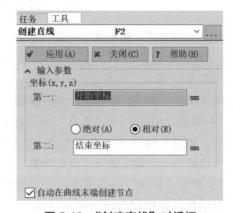
图 5-18 "创建直线"对话框

(3)移动 单击"实用程序"→"移动"按钮,弹出图 5-19 所示的元素编辑子菜单,有"平移""旋转""3 点旋转""缩放""镜像"等命令。

1)"平移":平移时,需指定图形元素,并指定平移的方向。"平移"对话框如图5-20所示,平移时,选择"移动"选项,原图形元素消失;选择"复制"选项,原图形元素保留。"数量"用于指定复制的数目。

图5-19 "移动"子菜单

图5-20 "平移"对话框

2)"旋转":旋转时,需指定图形元素,并指定旋转轴和旋转角度,"旋转"对话框如图5-21所示。其中,旋转轴可以选择X、Y、Z轴。选择"移动"选项,原图形元素消失;选择"复制"选项,原图形元素保留。

3)"3点旋转":需给定一个待旋转的元素,再指定两个点,把这两个点的连线作为旋转轴A,再指定第3个点,这3个点构成一个平面P,然后把待旋转的元素绕A轴旋转到平面P上。"3点旋转"对话框如图5-22所示。

图5-21 "旋转"对话框

图5-22 "3点旋转"对话框

4)"缩放":对给定的元素进行比例缩放,要指定缩放比例和缩放的基准点。"缩放"对话框如图5-23所示。

5)"镜像":镜像时,要指定镜像对象和镜像平面,"镜像"对话框如图5-24所示。

(4)查询实体 单击"实用程序"→"查询"按钮,弹出图5-25所示的"查询实体"对话框。该命令用来查询网格模型的单元或节点信息,这种查询在网格诊断和纠错时很有用。如需要同时查询多个实体,则实体名称之间以空格间隔。查找到的实体以红色在模型中突出显示。勾选对话框中的"将结果置于诊断层中"选项后,查到的实体会放入诊断层显示。否则,查到了相应的结果之后仅仅显示出来，实体的位置并不会发生变化。

图 5-23 "缩放"对话框　　　　　图 5-24 "镜像"对话框

（5）型腔重复 "型腔重复向导"是帮助快速创建多型腔模具的工具。在向导中需要输入型腔数量、行和列的数量、行和列的间距（间距是中心到中心的间距）等参数。

"偏移型腔以对齐浇口"是一个可选的选项，用来对齐产品的浇口而不是型腔。例如，浇口不在产品中心线上时，如果没有选中该选项，那么将不会对齐浇口而是只对齐产品，这样流道之间就会有夹角。

可使用"预览"按钮来检查型腔的布局是否正确，红色的型腔代表最初的型腔。每个型腔上都有个黄色的点，这个点代表浇口位置，如图 5-26 所示。有的时候需要先取消型腔复制向导，手工调整最初型腔的对齐方向，使其与红色显示的型腔方向一致。在型腔重复向导中，假设分型面为 XY 平面。

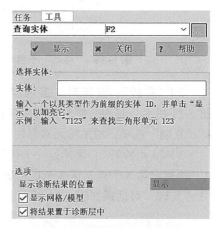

图 5-25 "查询实体"对话框

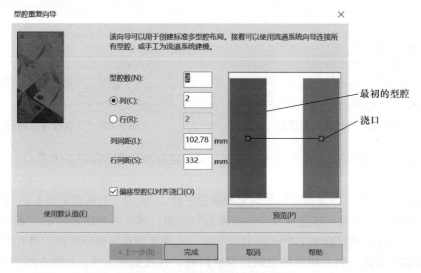

图 5-26 "型腔重复向导"对话框

5.2.3 浇注系统创建

1. 流道系统创建向导

流道系统向导用来创建几何自平衡的带潜伏浇口的浇注系统。单击"几何"→"创建"→"流道系统"按钮,弹出图5-27所示的对话框。确认主流道位置为模具中心,采用冷流道系统,设定顶部分流道平面Z坐标,设定完毕,单击"下一步"按钮,进入下一个操作步骤。

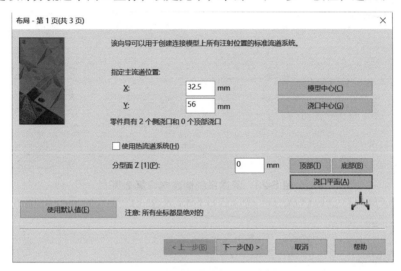

图5-27 流道系统创建向导第1页

运行流道系统创建向导后,第一步是确定主流道的位置。默认值是在模具的中心,该位置也可以不在模具的中心,这取决于模具的布局方式。如果主流道的位置不在模具或浇口的中心,则可以直接输入其X、Y坐标值。系统会检查进浇标记,并决定浇口的类型。如果浇口在侧面,则会采用侧浇口或潜伏浇口。如果浇口在产品顶部,则会采用三板模的点浇口,或热流道的针阀式浇口。三板模的下潜流道的中心线将与Z轴对齐。

第二步为确定热流道。向导将基于模具的浇口类型,推断出以下几种可能:

① 如果是侧浇口,并且流道是冷流道,系统将创建冷流道和直浇道。

② 如果是顶部浇口,并且流道是冷流道,系统将创建三板模式的流道。

③ 如果是顶部浇口,并且流道是热流道,系统将创建自平衡的热流道,但浇口依然是冷浇口。

第三步是确定浇口平面的Z方向尺寸。对话框中有3个按钮,"顶部""底部"和"浇口平面"。如果是侧浇口,可以单击"浇口平面"按钮。"顶部"和"底部"将定义浇口平面到产品最大外尺寸的上表面或下表面。如果浇口平面不在这些位置,可以自己定义其在Z方向上的位置。冷流道将会在浇口平面上创建。

第2页操作对话框如图5-28所示,设定主流道入口直径、拔模角和长度;设定流道直径;设定竖直流道的底部直径与拔模角。完成设定后,单击"下一步"按钮,进入下一个操作对话框。

第3页操作对话框如图5-29所示,输入侧浇口与顶部浇口的参数。完成浇注系统参数的全部设定后,单击"完成"按钮,结果如图5-30所示。

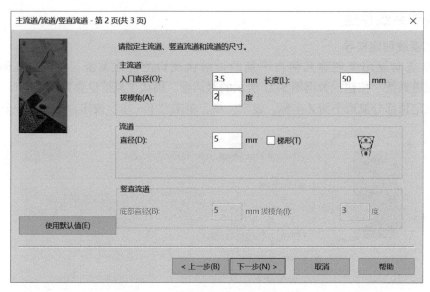

图 5-28　流道系统创建向导第 2 页

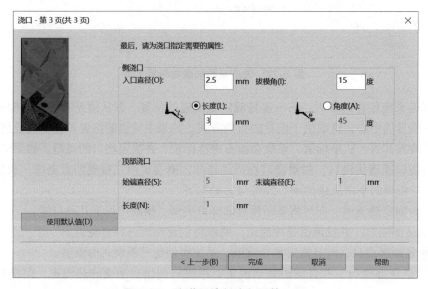

图 5-29　流道系统创建向导第 3 页

如果使用的是侧浇口,开口直径可随意设定,夹角可以为 0°。当夹角为 0° 时,浇口将只创建一个属性,这样在后面变更浇口的截面形状就容易些。浇口的长度必须指定为流动长度。采用向导创建完浇注系统后,放大浇口位置,选择浇口部分的一个单元,单击鼠标右键,在弹出的菜单中选择"属性",可以改变浇口的截面形状及尺寸。

2. 手工创建浇注系统

手工创建浇注系统有两种基本的方法。第一种

图 5-30　自动创建浇注系统布局

方法是先创建曲线，然后划分网格。第二种方法是直接创建相应的柱体单元。第一种方法可指定一个单元的长度来划分所有流道，这样能保证单元长度的一致性。第二种方法需要为每段流道指定单元的数量，需要根据该段流道的长度来计算单元的数量。这两种方法都可以很好地创建不含拔模角的流道。对于带拔模角的流道，必须用第一种方法。第一种方法可以同时创建各种截面和尺寸的流道；而第二种方法一次只能创建一种截面形状和尺寸的流道。

5.2.4 冷却系统创建

在排布冷却回路前查看型腔的布局，以防止冷却回路和其他零部件相干涉，冷却回路向导中冷却回路只能排布于 XY 平面上，如果方向不对，要先旋转模型。单击"几何"→"创建"→"冷却回路"按钮，弹出"冷却回路向导"对话框，如图 5-31 所示。指定水管直径、水管与零件间距离以及水管道与零件排列方式后，单击"下一步"按钮，进入对话框的第 2 页，进行冷却管道参数设计，如图 5-32 所示。定义冷却管道数量、管道间距以及管道超出型腔的长度，勾选"首先删除现有回路"，保留以前创建的水路；如不勾选此选项，会删除以前创建的水路。勾选"使用软管连接管道"，会用软管将水路末端连接起来，用于串联水路；单击"完成"按钮，完成冷却回路设定。

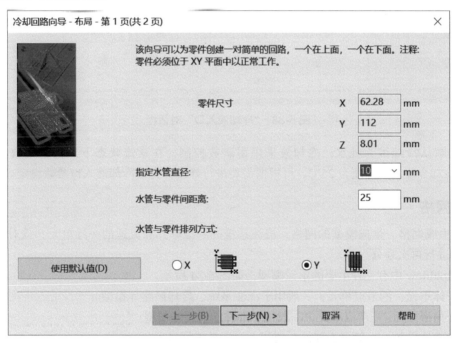

图 5-31 "冷却回路向导"对话框（第 1 页）

利用"冷却回路向导"创建的水路会将凹模侧和型芯侧水路分别放入不同的水路层中，方便以后编辑。冷却管道创建后，可以对管道属性进行检查及修改。选中某管道柱体网格，可查看其属性。"冷却回路向导"自动创建出冷却液入口。可以通过冷却液的属性来检查与修改冷却液入口参数。单击"边界条件"→"冷却"→"冷却液入口/出口"→"冷却液入口"按钮，弹出"设置冷却液入口"对话框；单击"新建"按钮，弹出图 5-33 所示"冷却液入口"对话框。

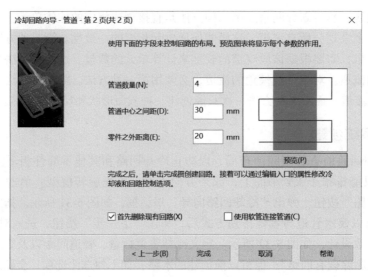

图 5-32 "冷却回路向导"对话框(第 2 页)

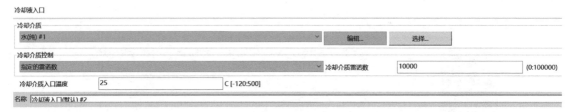

图 5-33 "冷却液入口"对话框

系统默认冷却液为纯水,冷却液采用雷诺数控制,在紊流状态下,将雷诺数值设定为 10000,冷却介质入口温度为 25℃,可根据需要进行修改,完成冷却液入口参数设定。

5.2.5 网格

(1)生成网格 生成模型的网格,浇注系统的一维单元和流道的一维单元,或对已划分网格的产品进行再次划分。

在 Moldflow 中有三种主要的单元模型,如图 5-34 所示。

◆ 柱体单元:两节点单元,一般用于浇注系统、冷却回路等模型。
◆ 三角形单元:三节点单元,一般用于部件、嵌件等模型。
◆ 四面体单元:一般用于部件、型芯、浇注系统等模型。

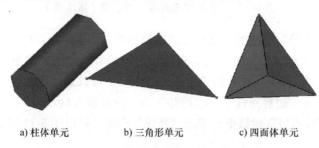

a) 柱体单元　　b) 三角形单元　　c) 四面体单元

图 5-34　Moldflow 中的三种单元模型

Moldflow 划分的网格类型主要有三种，如图 5-35 所示。

◆ 中性面网格：网格是由三节点的三角形单元组成的，网格创建在模型壁厚的中间处而形成单层网格。

◆ 双层面网格：网格也是由三节点的三角形单元组成的，网格是创建在模型的上下两层表面上。

◆ 实体（3D）网格：实体网格由四节点的四面体单元组成，每一个四面体单元又是由四个中性面网格模型中的三角形单元组成的，利用 3D 网格可以更为精确地进行三维流动仿真。

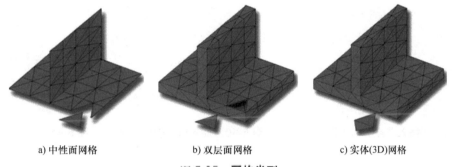

a) 中性面网格　　　　b) 双层面网格　　　　c) 实体(3D)网格

图 5-35　网格类型

（2）定义网格密度　重新定义局部网格的密度，用于加密局部重要特征以提高分析的精度，或稀疏平滑区域的网格以减少网格的数量，节约分析时间。

（3）全部定向　即对修补后的网格模型进行定向诊断，如果发现有区域定向不一致，可以单击"网格"→"全部定向"按钮，将网格取向调整为一致。

5.2.6　网格处理工具

1. 合并节点

单击"网格"→"网格编辑"→"合并节点"按钮，可指定目标节点及待合并的节点，单击"应用"按钮，完成节点合并。

2. 交换边

单击"网格"→"网格编辑"→"交换边"按钮，打开"交换边"对话框；分别指定两共边网格，执行命令实现纵横比的修复，如图 5-36 所示。进行交换边操作前的网格效果如图 5-37 所示，处理后如图 5-38 所示。

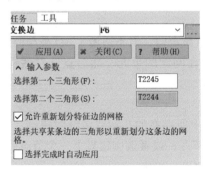

图 5-36　交换边操作

图 5-37　交换边操作前

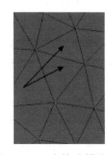

图 5-38　交换边操作后

3. 插入节点

单击"网格"→"网格编辑"→"插入节点"按钮,弹出图 5-39 所示"插入节点"对话框。在"插入节点"对话框中指定两相邻节点,则在两节点连线的中点处创建出新节点及对应网格单元。在该过程中,再通过合并节点来实现纵横比修复,如图 5-40 所示。图 5-41 所示为合并节点后的结果。

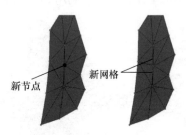

图 5-39 "插入节点"对话框　　　图 5-40 插入节点操作结果　　　图 5-41 合并节点结果

4. 移动节点

单击"网格"→"网格编辑"→"移动节点"按钮,弹出图 5-42 所示"移动节点"对话框。在该对话框中,可以通过直接拖动光标来设置参数,也可以指定目标点的绝对坐标或相对坐标。图 5-43 所示为节点移动前后的效果。

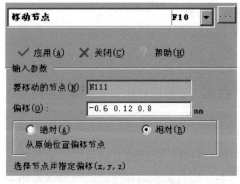
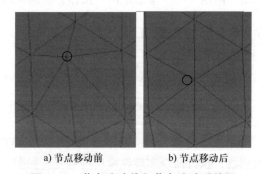

图 5-42 "移动节点"对话框　　　图 5-43 节点移动前和节点移动后效果

5. 单元取向

单元取向功能可以将查找出来的定向不正确的单元重新定向,但不适用于 3D 类型的网格。"单元取向"对话框如图 5-44 所示,使用时选定定向存在问题的单元,然后点选对话框中的"反取向",单击"应用"按钮。

6. 填充孔

填充孔功能使用创建三角形单元的方法来填补网格上所存在的孔洞或者缝隙缺陷。"填充孔"对话框如图 5-45 所示,选择模型上的孔的所有边界节点;或者选中边界上一个节点后,单击"搜索"按钮,这时系统会沿着自由边自动搜寻缺陷边界;单击"应用"按钮,系统会自动在该位置生成三角形单元,完成修补工作。

图 5-44 "单元取向"对话框

图 5-45 "填充孔"对话框

7. 重新划分网格

重新划分网格功能可以对已经划分网格的模型在某一区域根据给定的目标网格大小,重新进行网格划分。因而可以用来在形状复杂区域进行网格局部加密,在形状简单区域使网格局部稀疏。在"重新划分网格"对话框中首先选择要重新划分网格的实体,然后在"边长"文本框中填入网格目标值,如图 5-46 所示,最后单击"应用"按钮,完成网格的重新划分。

8. 清除节点

清除节点功能可以清除网格中与其他单元没有联系的节点。在修补网格基本完成后,使用该功能清除多余节点。

图 5-46 "重新划分网格"对话框

5.2.7 网格缺陷诊断

1. 纵横比诊断

网格的纵横比(R)关系到分析的精度。纵横比是指三角形单元的最长边(a)与该边上的三角形的高(b)的比值,如图 5-47 所示。

由图 5-47 可以看出,R 的值越大,三角形越趋于扁长。当 R 的值无限大时,三角形的另两边合并于第三边。当三条边近似于落到一条直线上时,也就是在修补网格的过程中经常遇到的零面积三角形。

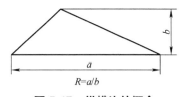

图 5-47 纵横比的概念

一般情况下,要求三角形单元的纵横比要小于 6,这样才能保证分析结果的精确性。但是有些情况下并不能满足所有的网格单元的纵横比都达到这个要求,因此要在保证网格平均纵横比小于 6 的前提下,尽量降低网格的最大纵横比。

单击"网格"→"网格诊断"→"纵横比"按钮,弹出"纵横比诊断"对话框。设定纵横比显示区间,确定最小纵横比数值为"6",最大值不具体设定,默认值为无穷大,如图 5-48 所示。

设定参数后进行诊断显示，结果如图 5-49 所示。在诊断结果中可以观察纵横比大于 6 的网格。

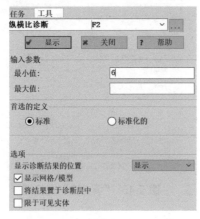

图 5-48 "纵横比诊断"对话框

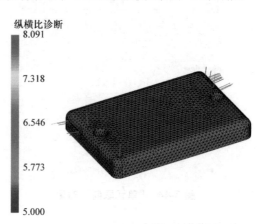

图 5-49 纵横比诊断结果

2. 重叠单元诊断

网格在划分时可能出现网格重叠现象，网格中不应有交叉或重叠的三角形单元存在，即重叠单元数应为 0。单击"网格"→"网格诊断"→"重叠"按钮，弹出"重叠单元诊断"对话框。为便于观察，勾选"将结果置于诊断层中"，单击"显示"按钮，如图 5-50 所示。

3. 取向诊断

网格划分时会出现取向不一致现象。单击"网格"→"网格诊断"→"取向"按钮，弹出"取向诊断"对话框，如图 5-51 所示。通过诊断发现有取向不一致的情况时，以红、蓝两色进行区分。

图 5-50 "重叠单元诊断"对话框

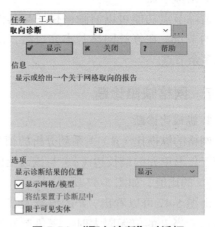

图 5-51 "取向诊断"对话框

4. 连通性诊断

为判断模型连通情况，需进行连通性诊断。单击"网格"→"网格诊断"→"连通性"按钮，弹出"连通性诊断"对话框，如图 5-52 所示。

诊断时任意指定一个单元，勾选"将结果置于诊断层"后，单击"显示"按钮。连通与否以红、蓝两色进行区分，连通的单元显示为蓝色，不连通的单元显示为红色。诊断结果的显示与否，可以通过单击"网格"→"网格诊断"→"显示"按钮进行控制。

5. 自由边诊断

在双层面网格中，不允许存在自由边。单击"网格"→"网格诊断"→"自由边"按钮，弹出"自由边诊断"对话框，如图 5-53 所示。勾选"查找多重边"，为便于进行诊断结果的观察，可将诊断结果放置在诊断层，勾选相关选项，单击"显示"按钮。关闭其他层显示，而诊断结果层处于激活状态，可以方便地观察诊断结果的位置及相关网格单元。

图 5-52 "连通性诊断"对话框

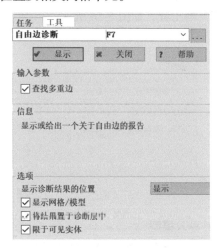

图 5-53 "自由边诊断"对话框

5.2.8 分析

（1）设置成型工艺　对于不同的网格类型，设定的注射成型类型选项不同。对于双层面网格类型，工艺类型包括 7 个选项，即热塑性塑料重叠注塑、热塑性注塑成型、微发泡注射成型、反应成型、微芯片封装、底层覆晶封装和传递成型或结构反应成型。

（2）设置分析序列　可以根据实际需要选择分析的类型，如果需要快速查看产品的充填情况，可以选择"充填"选项；如果需要查看保压的效果，则应该选择"流动"选项。完整的模流过程为冷却＋流动＋翘曲分析。

（3）选择材料　可以根据客户给出的材料信息选择客户需求的塑胶材料。如果系统材料库里没有客户需求的材料，可以用一种性能相近的材料替代。

（4）设置注射位置　单击"主页"选项卡中的"注射位置"按钮，光标变成 。此时单击主流道端点，或直接单击产品模型上适合的进浇位置处的节点，即可完成浇口的设置。

5.3 任务实施

任务 1　接线盒面板浇口位置分析

要对接线盒面板进行最佳浇口位置分析，从建立分析工程开始，需进行模型前处理、分析求解及结果后处理。接线盒面板的三维模型如图 5-54 所示。

接线盒面板浇口位置分析

1. 新建工程项目

启动 Moldflow，单击"新建工程"按钮，系统弹出"创建新工程"对话框，如图 5-55 所示。在"工程名称"文本框中输入"面板"，指定创建位置的文件路径，单击"确定"按钮，完成工程创建。此时在工程管理视窗中显示名称为"面板"的工程，如图 5-56 所示。

图 5-54 接线盒面板三维模型

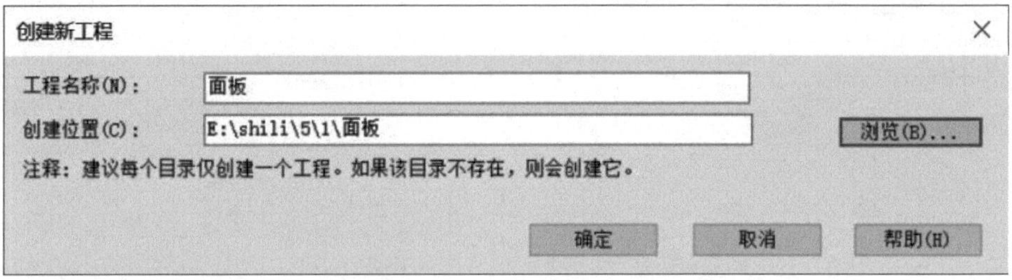

图 5-55 "创建新工程"对话框

2. 导入模型

单击"导入"按钮，弹出"导入"对话框，如图 5-57 所示。在"文件类型"下拉列表中选择文件格式类型为"所有模型"，选择文件"面板.igs"，单击"打开"按钮，系统自动弹出图 5-58 所示的"导入"对话框。选择网格类型为"双层面"，单击"确定"按钮，接线盒面板模型被导入，结果如图 5-59 所示。工程管理视窗出现"面板_study"，如图 5-60 所示。方案任务视窗中列出了默认的分析任务和初始设置，如图 5-61 所示。

图 5-56 工程管理视窗

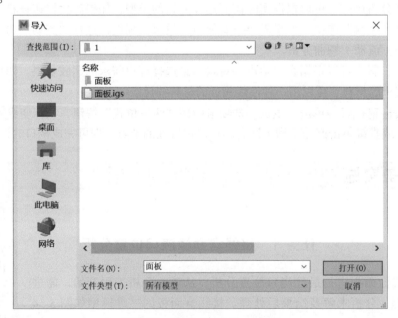

图 5-57 模型"导入"对话框

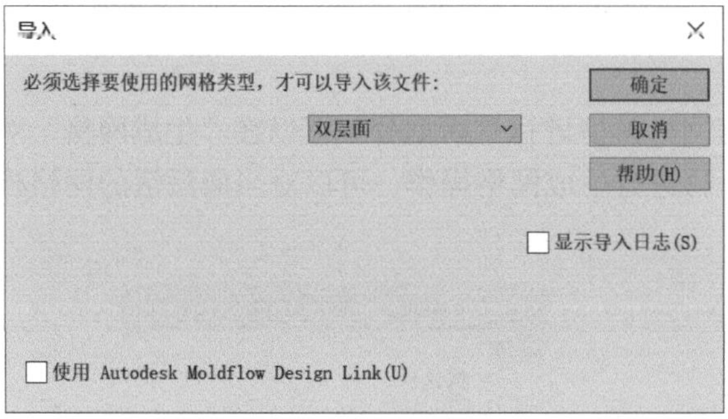

项目 5 面板及接插件模流分析

图 5-58 导入选项

图 5-59 接线盒面板模型

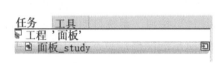

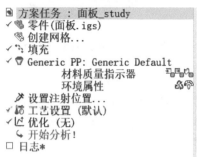

图 5-60 工程管理视窗

图 5-61 任务视窗

3. 生成有限元网格

网格划分是模型前处理中的一个重要环节，网格质量的好坏直接影响程序是否能够正常执行和分析结果的精度。单击"网格"→"生成网格"按钮，或者双击方案任务视窗中的"创建网格"，工程管理视窗中的"工具"选项卡中显示"生成网格"的定义信息。设定"全局边长"为"1.64"（网格的边长一般取产品最小壁厚的 1.5~2 倍）。其他选项采用默认值，如图 5-62 所示。单击"立即划分网格"按钮，系统将自动对模型进行网格划分和匹配。网格划分信息可以在模型显示区域下方的"网格日志"中查看，如图 5-63 所示。

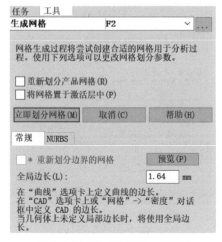

图 5-62 "生成网格"对话框

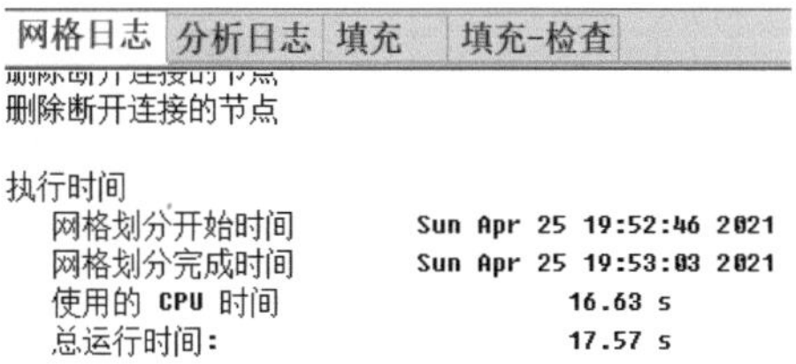

图 5-63 "网格日志"信息栏

网格划分完毕后，可以看到图 5-64 所示的接线盒面板的网格模型。此时在层管理视窗中新增加了三角形单元层和节点层，如图 5-65 所示。

如果对网格划分结果不满意，可以对现有网格模型进行重新划分。可以在"生成网格"对话框中勾选"重新划分产品网格"选项，然后再进行生成网格操作，可以对当前激活的网格模型重新进行网格划分。

图 5-64　接线盒面板网格模型

图 5-65　层管理视窗

4. 网格统计与诊断修复

网格诊断修复的目的是检验出模型中存在的不合理网格，并将其修改成合理网格，便于 Moldflow 顺利求解。单击"网格"选项卡中的"网格统计"按钮，系统自动弹出图 5-66 所示的"网格统计"对话框。单击"显示"按钮，显示图 5-67 所示的网格信息，其中模型的纵横比范围为 1.16～8.09，匹配率达到 91.6%，大于 80%，重叠单元个数为 0，自由边数为 0，自动划分的模型网格匹配率较高，达到计算要求。

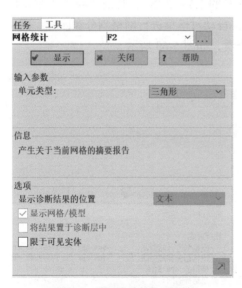

图 5-66　"网格统计"对话框

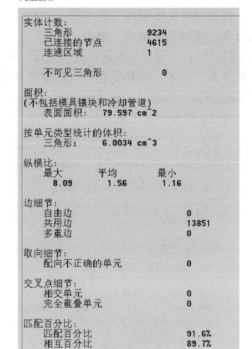

图 5-67　网格信息

5. 选择分析类型

Moldflow 提供了多种分析类型，但作为产品的初步成型分析，首先的分析类型为"浇口位置"，其目的是根据最佳浇口位置的分析结果设定浇口位置，避免由于浇口位置设置不当引起的不合理成型。

双击任务视窗中的"填充"，系统自动弹出"选择分析序列"对话框。如图 5-68 所示，选择对话框中的"浇口位置"，单击"确定"按钮，此时任务视窗中第三项"填充"变为"浇口位置"。

图 5-68 "选择分析序列"对话框

6. 定义成型材料

接线盒面板的成型材料使用默认的 PP 材料，在任务视窗中显示 ✓ Generic PP: Generic Default。

7. 浇口优化分析

浇口优化分析时不需要事先设置浇口位置。成型工艺条件采用默认。双击任务视窗中的"开始分析"，系统弹出图 5-69 所示"选择分析类型"对话框，单击"确定"按钮，开始分析。当弹出"分析完成"窗口时，单击"确定"按钮，分析结束。任务视窗中显示分析结果，如图 5-70 所示。

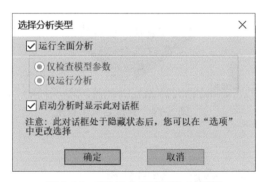

图 5-69 "选择分析类型"对话框

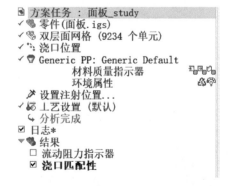

图 5-70 任务视窗（显示分析结果）

在日志视窗中，"浇口位置"中的最后部分给出了最佳浇口位置的分析结果，如图 5-71 所示，最佳位置出现在 N2286 节点附近。勾选任务视窗中的"浇口匹配性"选项（图 5-70），模型显示视窗中会给出浇口位置分析结果，如图 5-72 所示。

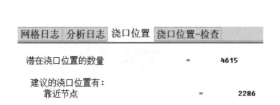

图 5-71 "浇口位置"的分析结果　　　　图 5-72 浇口位置分析结果模型显示

图 5-72 所示为浇口位置优劣分布图示,可以通过图示右端的对比色带进行对比分析,也可以通过系数描述。单击"结果"选项卡中的"检查"按钮 ,可进行结果查询,如图 5-73 所示。多结果同时显示时可以按 <Ctrl> 键复选。图中最佳浇口位置的系数为 1,最差浇口位置的系数为 0。通过观察所查询的系数可分析出最佳浇口位置及浇口位置的优劣分布。图 5-74 所示是查询结果示意图。

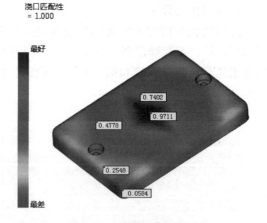

图 5-73 结果查询　　　　图 5-74 查询结果示意图

接插件冷却+填充+保压+翘曲分析

任务 2　接插件冷却 + 填充 + 保压 + 翘曲分析

本任务需要对接插件模型进行网格划分并进行诊断修复;进行型腔布局及浇注系统设计;进行冷却 + 流动 + 翘曲分析,设定相关工艺参量及约束条件,并对分析结果进行解析。接插件产品模型如图 5-75 所示。

1. 新建工程项目

启动 Moldflow，单击"新建工程"按钮，系统弹出"创建新工程"对话框，如图 5-76 所示。在"工程名称"文本框中输入"接插件"，指定"创建位置"的文件路径，单击"确定"按钮，完成工程创建。此时在工程管理视窗中显示名称为"接插件"的工程，如图 5-77 所示。

图 5-75　接插件产品模型

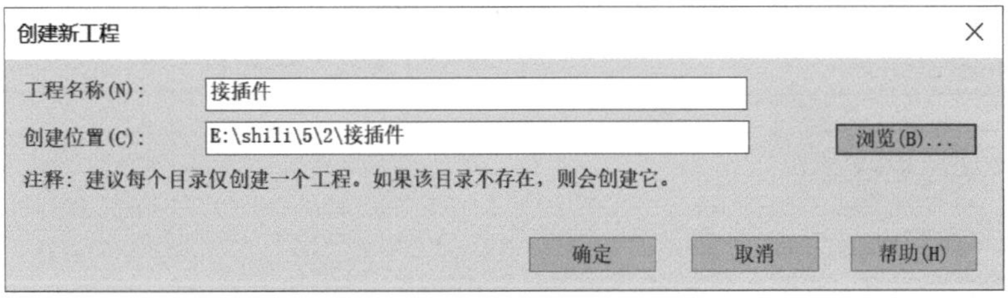

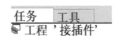

图 5-76　"创建新工程"对话框

图 5-77　工程管理视窗

2. 导入模型

单击"主页"选项卡中的"导入"按钮，或者在工程管理视窗中选择"接插件"并单击鼠标右键，再单击快捷菜单中的"导入"命令，弹出"导入"对话框，如图 5-78 所示。选择文件"接插件.igs"，单击"打开"按钮，系统自动弹出图 5-79 所示的"导入"对话框。此时选择网格类型为"双层面"，即表面模型，单击"确定"按钮，接插件模型被导入，结果如图 5-80 所示。工程管理视窗中出现"接插件_study"，如图 5-81 所示。

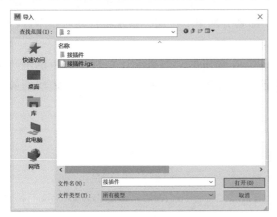

图 5-78　模型"导入"对话框

图 5-79　"导入"对话框

图 5-80　接插件模型

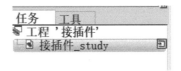

图 5-81　工程管理视窗

完成导入操作后，模型显示区中会显示导入的产品模型，所导入的产品模型的锁模力方向与坐标系的 X 轴的正方向同向。为了不影响锁模力效果预测的准确性，通常需要使产品模型的锁模力方向与坐标系的 Z 轴的正方向同向，此时使用"旋转"命令对产品模型进行旋转操作。

3. 旋转产品模型

单击"几何"选项卡，在"实用程序"工具栏中单击"旋转"按钮，弹出"旋转"对话框，如图 5-82 所示。按住鼠标左键不放，框选导入的产品模型，然后将对话框中的"轴"设置为"Y 轴"，然后在"角度"文本框中输入"90"，"参考点"文本框使用默认值"0.0 0.0 0.0"，表示旋转中心为坐标系的原点，单击"应用"按钮，完成旋转操作，结果如图 5-83 所示。

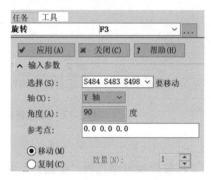
图 5-82 "旋转"对话框

图 5-83 旋转操作结果

4. 划分网格并修复网格缺陷

单击"网格"选项卡中的"生成网格"按钮，或者双击方案任务视窗中的"创建网格"，工程管理视窗中的"工具"选项卡中显示"生成网格"定义信息。设定"全局边长"为 1.40mm，其他选项采用默认值，如图 5-84 所示，单击"立即划分网格"按钮，系统将自动对模型进行网格划分和匹配。

单击"网格"选项卡中的"网格统计"按钮，在弹出的"网格统计"对话框中单击"显示"按钮，系统自动弹出图 5-85 所示的"网格信息"信息栏。"网格信息"中显示模型的最大纵横比为 26.57。

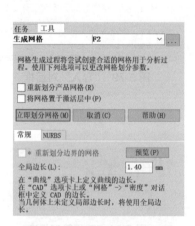
图 5-84 "生成网格"对话框

图 5-85 "网格信息"信息栏

可以再次生成网格。打开"生成网格"对话框,勾选"重新划分产品网格"选项,单击"立即划分网格"按钮,开始重新生成网格。再次打开"网格统计"对话框,单击"显示"按钮,"网格信息"中显示纵横比明显减小,最大纵横比变为11.79,如图5-86所示。

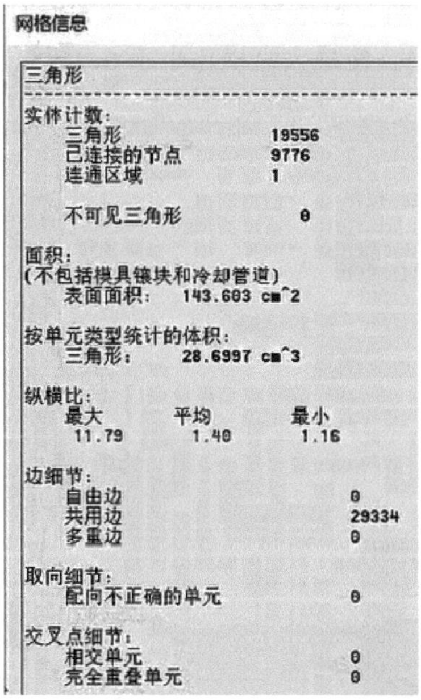

图 5-86 重新生成网格后的"网格信息"

选择"网格"选项卡,在"网格诊断"工具栏中单击"纵横比"按钮,弹出"纵横比诊断"对话框。如图5-87所示,在"输入参数"中的"最小值"文本框中输入"6",并勾选"将结果置于诊断层中"选项,单击"显示"按钮,诊断显示效果如图5-88所示。

图 5-87 "纵横比诊断"对话框

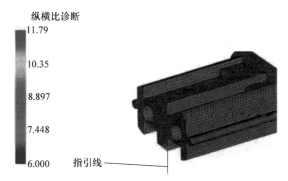

图 5-88 诊断显示效果

在层管理视窗中,选择"诊断结果",单击"激活层"按钮,将其设置为激活层,如图5-89所示。再单击"展开层"按钮,弹出"展开层"对话框,在"展开当前选择"文本框中输入"2",如图5-90所示,单击"确定"按钮。

在层管理视窗中,将其他图层关闭。然后在"网格"选项卡中的"实体导航器"工具栏中单击"下一步"按钮 ➡，在模型显示视窗中将放大显示图 5-88 中指引线指示的最红的区域。找到一个纵横比比较大的单元，如图 5-91 所示，在"网格编辑"工具栏中单击"合并节点"按钮，弹出"合并节点"对话框（图 5-92）；选择图 5-91 中所示的节点 1 和节点 2，单击对话框中的"应用"按钮，"纵横比诊断"色条显示纵横比最大值由原来的 11.79 变为 6.103。同理，按照上述操作方法进行网格编辑，使最大纵横比小于 6，即纵横比诊断色条消失。完成后，在层管理视窗中将其他图层打开。

图 5-89　层管理视窗操作

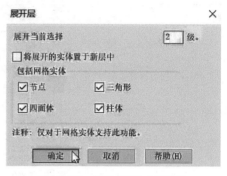

图 5-90　"展开层"对话框

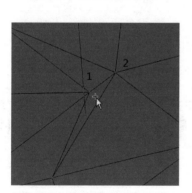

图 5-91　纵横比比较大的单元

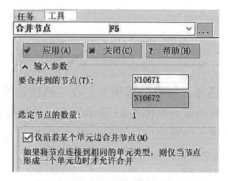

图 5-92　"合并节点"对话框

5. 设定分析次序

双击任务视窗中的"填充"，弹出"选择分析序列"对话框。如图 5-93 所示，选择对话框中的"冷却＋填充＋保压＋翘曲"选项，单击"确定"按钮，此时任务视窗中的内容如图 5-94 所示。

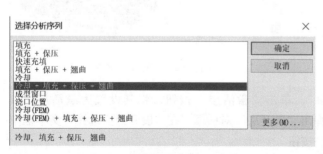

图 5-93　选择分析序列对话框

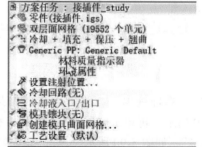

图 5-94　设置后的任务视窗

6. 选择材料

双击任务视窗中的 ✓ 🗊 Generic PP: Generic Default，弹出"选择材料"对话框。如图 5-95 所示，"制造商"选择"LG Chemical"，"牌号"选择"ABS AF303"，单击"确定"按钮。

图 5-95 "选择材料"对话框

7. 创建浇注系统

（1）创建浇口

1）绘制矩形浇口轴线。单击"几何"选项卡，在"创建"工具栏中单击"曲线"→"创建直线"按钮 ✎，打开"创建直线"对话框（图 5-96）。在模型显示视窗中点选进浇点，其坐标出现在"第一"文本框中，如图 5-96 所示；在对话框中选择"相对"，在"第二"文本框中输入"0 -3 0"，单击"应用"按钮，得到图 5-97 所示的矩形浇口轴线。

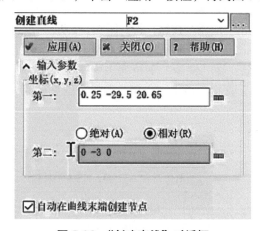

图 5-96 "创建直线"对话框

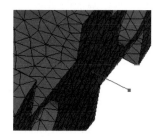

图 5-97 矩形浇口轴线

2）赋予轴线冷浇口属性。选中轴线，单击鼠标右键，在打开的快捷菜单中选择"属性"命令，在随后弹出的对话框中单击"是"按钮，弹出"指定属性"对话框。单击对话框中的"新建"按钮，在出现的下拉菜单中选择"冷浇口"，弹出"冷浇口"对话框，如图 5-98 所示。在"浇口属性"选项卡中，"截面形状是"选择"矩形"，"形状是"选择"非锥体"，单击"编辑尺寸"按钮,弹出"横截面尺寸"对话框,如图5-99所示。在"宽度"文本框中输入"3",在"高度"文本框中输入"1.5",单击对话框中的"确定"按钮,关闭相应的对话框。

3)划分浇口的柱体单元。单击"网格"选项卡中的"生成网格"按钮,弹出"生成网格"对话框。在"全局边长"文本框中输入"1.00",单击"立即划分网格"按钮,创建的矩形浇口如图5-100所示。

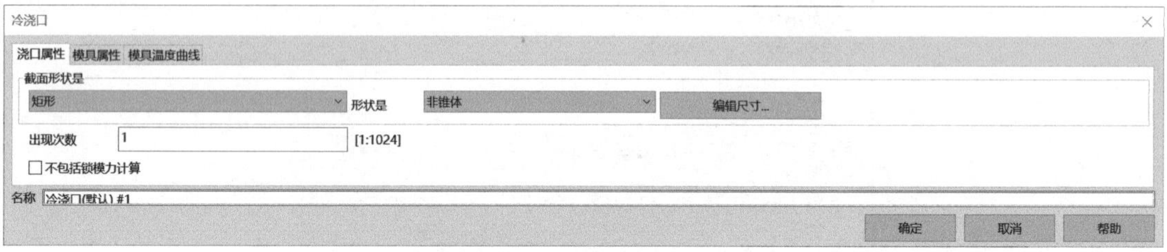

图5-98 "冷浇口"对话框

图5-99 "横截面尺寸"对话框

图5-100 矩形浇口柱体单元

(2)创建流道

1)创建流道轴线。单击"几何"选项卡中的"节点"→"按偏移定义节点"按钮,弹出"按偏移定义节点"对话框。在模型显示视窗中捕捉浇口末端的中心点,其坐标出现在"基准"文本框中,在"偏移"文本框中输入"0 -20 0",单击"应用"按钮,得到图5-101所示节点。

单击"实用程序"工具栏中的"移动"→"镜像"命令,弹出"镜像"对话框,如图5-102所示。框选实体和浇口作为要复制的对象,在"镜像"下拉列表中选择"XZ平面","参考点"选择通过偏移创建的节点,点选"复制"选项,单击"应用"按钮,结果如图5-103所示。

图5-101 创建节点

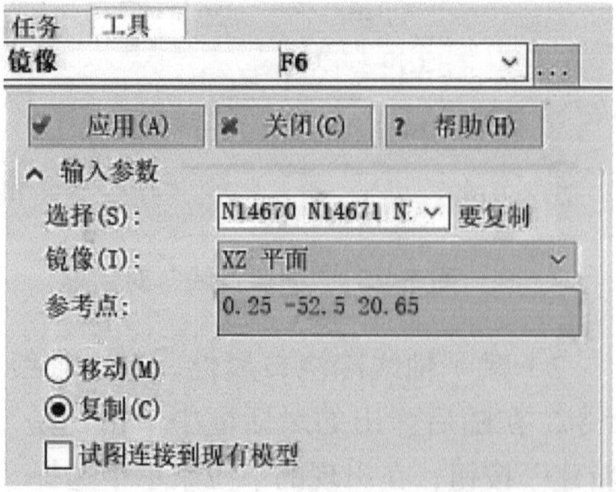

图5-102 "镜像"对话框

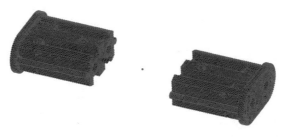

图 5-103　镜像结果

单击"几何"选项卡中的"曲线"→"创建直线"按钮 ✎，弹出"创建直线"对话框。在模型显示视窗中框选通过偏移创建的节点作为第一点，然后在对话框中选择"相对"，在"第二"文本框中输入"0 0 60"，单击"应用"按钮，得到主流道轴线，如图 5-104 所示。同理，再创建两条分流道轴线，如图 5-105 所示。

图 5-104　创建主流道轴线　　　　　图 5-105　创建分流道轴线

2）赋予分流道轴线属性。选中分流道轴线，单击鼠标右键，在快捷菜单中选择"属性"命令，在随后弹出的对话框中单击"是"按钮，弹出"指定属性"对话框。如图 5-106 所示，单击"新建"按钮，在出现的下拉菜单中选择"冷流道"，弹出"冷流道"对话框。

如图 5-107 所示，在"流道属性"选项卡中，"截面形状是"选择"圆形"，"形状是"选择"非锥体"，单击"编辑尺寸"按钮，弹出"横截面尺寸"对话框；在"直径"文本框中输入"5"，最后单击对话框中的"确定"按钮，关闭相应的对话框。

图 5-106　"指定属性"对话框

图 5-107 "冷流道"属性对话框

3)生成分流道柱体网格。单击"网格"选项卡中的"生成网格"按钮,弹出"生成网格"对话框。在"全局边长"文本框中输入"6",单击"立即划分网格"按钮。网格划分完成后单击"确定"按钮,效果如图 5-108 所示。

4)赋予主流道轴线属性。选中主流道轴线,单击鼠标右键,在快捷菜单中选择"属性"命令,在随后弹出的对话框中单击"是"按钮,弹出"指定属性"对话框。如图 5-109 所示,单击"新建"按钮,在出现的下拉菜单中选择"冷主流道",弹出"冷主流道"对话框。

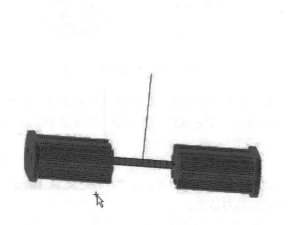

图 5-108 分流道网格

图 5-109 "指定属性"对话框

如图 5-110 所示,在"主流道属性"选项卡中,"形状是"选择"锥体(由端部尺寸)",再单击"编辑尺寸"按钮,弹出"横截面尺寸"对话框;在"始端直径"文本框中输入"6",在"末端直径"文本框中输入"4",最后单击对话框中的"确定"按钮,关闭相应的对话框。

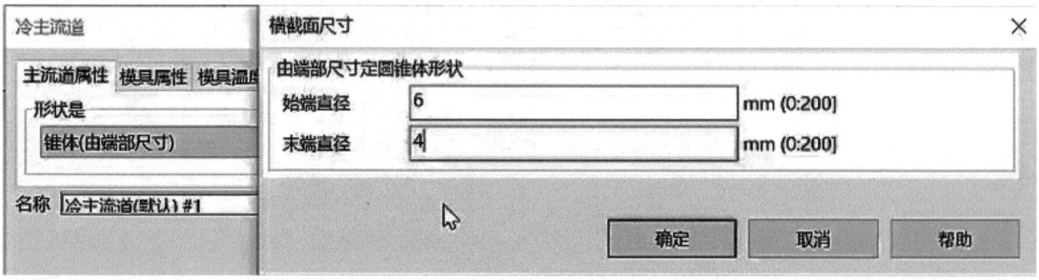

图 5-110 "冷主流道"属性设置对话框

5)生成主流道柱体网格。单击"网格"选项卡中的"生成网格"按钮,弹出"生成网格"对话框。在"全局边长"文本框中输入"6",单击"立即划分网格"按钮。网格划分完成后单击"确定"按钮,创建的主流道如图 5-111 所示。

8. 设置进料点

在主流道最顶端设置进料点。在任务视窗中双击"设置注射位置",光标变成 形状,然后在模型显示视窗中选择主流道顶端的节点,出现黄色的圆锥体,如图 5-112 所示,最后按 <Esc> 键退出。

图 5-111 创建的主流道

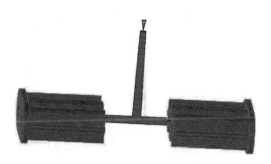

图 5-112 设置进料点

9. 创建冷却系统

单击"几何"选项卡中的"冷却回路"按钮,弹出"冷却回路向导 - 布局"对话框,如图 5-113 所示。设置"指定水管直径"为 8mm,"水管与零件间距离"为 25mm,"水管与零件排列方式"沿着 X 轴方向布局,单击"下一步"按钮,弹出"冷却回路向导 - 管道"对话框,如图 5-114 所示。设置"管道数量"为 4,"管道中心之间距"为 50mm,"零件之外距离"为 30mm,单击"完成"按钮,生成的冷却水路如图 5-115 所示。

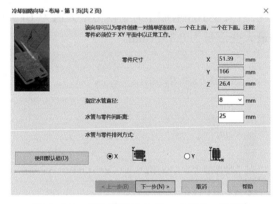

图 5-113 "冷却回路向导 - 布局"对话框

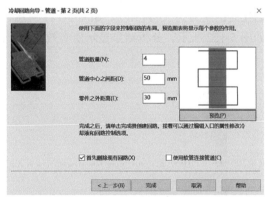

图 5-114 "冷却回路向导 - 管道"对话框

10. 工艺参数设置

在任务视窗中双击"工艺设置",弹出"工艺设置向导 - 冷却设置"对话框。设置"熔体温度"为 210℃,其他参数采用默认值,单击"下一步"按钮,弹出"工艺设置向导 - 填充 + 保压设置"对话框。采用默认值,单击"下一步"按钮,弹出"工艺设置向导 - 翘曲设置"对话框。勾选对话框中的"分离翘曲原因"选项,单击"完成"按钮。

11. 执行分析

在任务视窗中双击"立即分析",弹出"选择分析类型"对话框。单击"确定"按钮,系统开始分析计算。

12. 分析结果

分析完毕后,分析结果会显示在任务视窗中。此时任务视窗中将同时显示流动、冷却和翘曲这三个分析的分析结果,如图 5-116、图 5-117 和图 5-118 所示。勾选相应选项后,即可在模型显示视窗中查看相应结果。

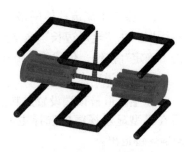

图 5-115　冷却水路

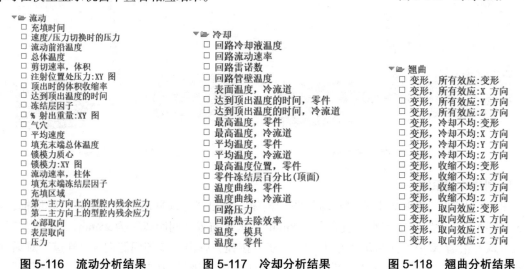

图 5-116　流动分析结果　　图 5-117　冷却分析结果　　图 5-118　翘曲分析结果

如图 5-119 所示,分析结果显示充填时间为 0.1951s。如图 5-120 所示,分析结果显示速度/压力切换时的压力为 23.44MPa。如图 5-121 所示,分析结果显示注射成型时锁模力最大值为 10.55t。如图 5-122 所示,分析结果显示所有效应引起的最大变形量为 0.3571mm。

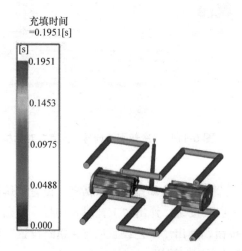

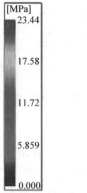

图 5-119　充填时间分析结果　　图 5-120　速度/压力切换时的压力分析结果

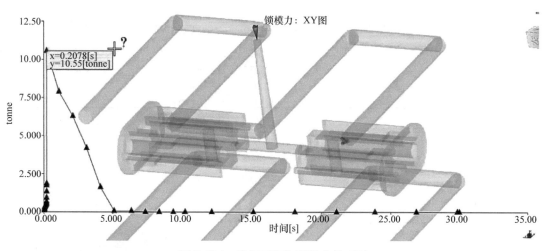

图 5-121　注射时间与锁模力关系图

图 5-122　所有效应引起变形

5.4　训练项目

图 5-123 所示为矩形壳体零件图，材料为 LG Chemical 公司的 ABS HF380，产品精度等级为 6 级，需完成以下任务：

1）对壳体进行浇口位置分析。

2）进行一模两腔布局，设置为侧浇口。设定注射机，设计冷却系统，进行运行冷却＋填充＋保压＋翘曲分析，并对结果进行分析。

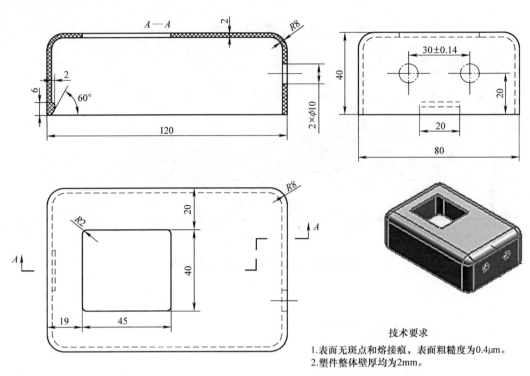

技术要求
1. 表面无斑点和熔接痕，表面粗糙度为0.4μm。
2. 塑件整体壁厚均为2mm。

图 5-123 矩形壳体

项目 6

塑料制品注射模设计

◎知识目标
1）理解注射模的结构和工作原理。
2）掌握注射模分型面和常用材料收缩率的选择。
3）掌握注射模向导中各命令的使用方法。

◎技能目标
1）会正确选择注射模分型面。
2）会正确分模，调用模架，进行浇注系统、推出机构、冷却系统的设计。

◎素质目标
1）树立责任意识、质量意识和科学精神。
2）具有团队精神和良好的职业素养。

6.1 工作任务

注射模分型面的设计直接影响塑件的质量、模具结构和操作的难易程度，是注射模设计成败的关键之一。利用 NX 12.0 中的"注塑模向导"模块可以快速完成整套模具的设计，在很大程度上提高了模具设计的效率。本项目以图 6-1～图 6-4 所示的四个典型实例为载体，讲解使用 NX 12.0 进行注射模分型及模具设计的方法，在完成任务的过程中确立一丝不苟、严谨认真的职业素养。

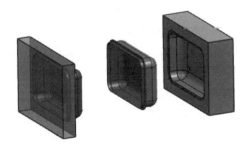 

图 6-1 塑料方形饭盒分模　　　　图 6-2 电动剃须刀塑料盖分模

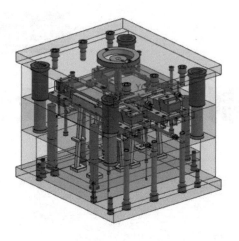
图 6-3 充电器上盖两板式模具设计

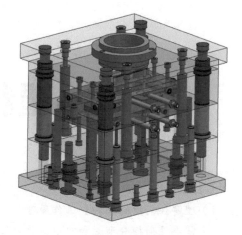
图 6-4 食品盒盖三板式模具设计

6.2 相关知识

6.2.1 "注塑模向导"工作界面

单击"应用模块"选项卡中的"注塑模"按钮，调出"注塑模向导"工具条（选项卡）。注射模的设计过程与通常的模具设计过程相似，工具条中图标的顺序也大致相同，如图 6-5 所示。

图 6-5 "注塑模向导"工具条

1）初始化项目：进入"注塑模向导"后，通过"初始化项目"命令可以调用需要处理的产品模型文件，并设置整个设计方案的单位、存放路径等相关参数。

2）多腔模设计：在一个模具中设计制造外形不同的零件，可使用"多腔模设计"命令进行当前有效的零件设置。

3）模具坐标系：该命令定义当前模具设计过程中所使用的模具坐标系。

4）收缩：该命令可将塑件产品的收缩率加到模型上，以保证模具型腔符合产品收缩率的设计要求。

5）工件：该命令提供用于分模产生型芯、凹模（型腔）的模坯。

6）型腔布局：该命令完成产品模型在型腔中的布局，当产品需要多腔设计时，可以利用此命令。

7）模架库：该命令可以直接调用各种常用模架厂家的模架装配组件。

8）标准件库：该命令中包含了模具设计里常用的标准组件，如顶杆和定位环等，可以直接修改参数后调入模具装配结构中。

项目 6　塑料制品注射模设计

9）顶杆后处理：该命令用于推杆长度的延伸和头部的修剪。

10）滑块和浮升销库：该命令中包含用于模具内陷区域设计的滑块、斜顶等组件，可以直接修改参数后调入模具装配体中。

11）子镶块库：此命令用于在模具上添加镶块。

12）设计填充：该命令可以在模具结构中加入各种类型的浇口，并进行尺寸修改。

13）流道：可以使用此命令定义模具结构中所使用的流道的外形及尺寸。

14）"分型刀具"工具栏：此工具栏中的命令用于模具的分型。分型的过程包括创建分型线、分型面，以及生成型芯和型腔等。

15）"冷却工具"工具栏：此工具栏中的命令用于模具结构中所使用的冷却通道的建立和修改。

16）"注塑模工具"工具栏：此工具栏中的命令用于修补零件中的孔、槽及块，目的是做出一个 NX 12.0 系统能够识别的分型面。

17）修边模具组件：该命令可以根据型腔表面对镶块或其他标准件进行修剪，以使其符合产品外形要求。

18）电极：该命令可直接从模块上的型腔表面获得需要进行电加工的电极外形。

19）装配图纸：该命令可以创建模具工程图。

20）组件图纸：该命令可以创建和管理模具装配的组件图纸。

6.2.2　模架设计

单击"注塑模向导"工具条中的"模架库"按钮，弹出图 6-6 所示的"重用库"资源选项卡和"模架库"对话框，与此同时，系统也会弹出"信息"窗口（图 6-7 所示为在"重用库"中选择 DME，在"成员选择"中选择 2A 所对应的"信息"），即可进行模架的配置和调用。

图 6-6　"重用库"资源选项卡和"模架库"对话框

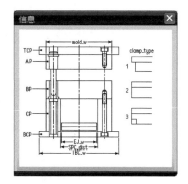

图 6-7　"信息"窗口

1. 模架类型

不同类型的工程对模架尺寸和配置的要求有很大的不同。为了满足不同情况的特定要求，模架类型包括以下几种模架类型。

（1）标准模架　标准模架用于要求使用标准目录模架的情况。标准模架由一个单一的对话框来配置。模架的基本参数，如模架的长度和宽度、板的厚度或模具打开距离，可以很容易地在"模架库"对话框中编辑。

"模架库"对话框中的"目录"下拉列表中显示了系统选用的生产制造标准模架的著名公司的模架系统：DME 公司的模架、HASCO 公司的模架、FUTAB A 公司的模架和龙记 LKM 公司的模架。

（2）可互换模架 可互换模架用于需要用到非标准设计的情况。可互换模架是以标准结构的尺寸为基础，但是它可以很容易地调整非标准结构的尺寸值。

（3）通用模架 通用模架可以通过配置不同模架板来组合成数千种模架。当可互换模架还不能满足要求时，就要选用通用模架。

2．模架尺寸

在"重用库"资源选项卡中选择模架供应商、模架的结构和类型，在"重用库"中选择不同供应商提供的模架；在"成员选择"中选择模架的结构类型。模架的尺寸要从产品特点和生产成本综合考虑，在"模架库"对话框中的"详细信息"中选择和编辑该模架的尺寸参数；单击对话框中的"旋转模架"按钮，可以旋转模架 90°，单击按钮可以显示或隐藏"信息"窗口。

6.2.3 标准件管理

标准件是将部分模具零件标准化，以便选用和替换。标准件主要包括定位圈、浇口套、推板、弹簧、支承柱、拉料杆、螺钉、限位钉、导柱、水管接头等。单击"标准件库"按钮，弹出"重用库"资源选项卡和"标准件管理"对话框，如图 6-8 所示。可以在其中进行标准件的管理和编辑。

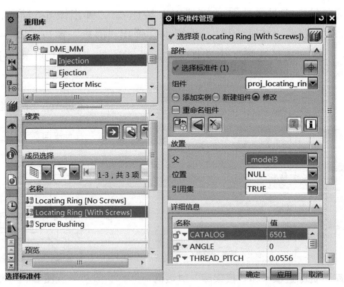

图 6-8 "重用库"选项卡和"标准件管理"对话框

1）在"重用库"资源选项卡中，其上部"名称"列表中列出了标准件供应商目录，可选择生产模具标准件的厂商及其提供的标准件产品系列，展开其中一个供应商的标准件项目，就可以显示该项目包含的标准件类型。在"成员选择"选项组中显示某标准件类型中包含的标准件。

2）在"成员选择"中选择一种标准件后，在"标准件管理"对话框的下部"详细信息"

中定义标准件的具体参数。在"放置"中的"位置"下拉列表中选择标准件的放置位置，其中各选项的功能介绍如下。

- ◆ NULL：默认值，将标准件的绝对坐标系定位到父组件的绝对坐标系上。
- ◆ WCS：将标准件的绝对坐标系定位到显示部件的工作坐标系上。
- ◆ WCS_XY：将标准件的绝对坐标系定位到显示部件的 WCS 的 XY 面上。
- ◆ POINT：将标准件的绝对坐标系定位到显示部件的 XY 面上的任意点。
- ◆ PLANE：该方式提示选择一个模具装配的任意组件上的平面。标准件的绝对坐标系的 XY 面会放置到选择的面上。然后，会提示在选定的面上选择一个原点。

3）当添加了标准件或在图形窗口中选择了已添加的标准件时，在"标准件管理"对话框中，"部件"选项组中会出现 、 和 三个命令按钮。通过这些命令按钮可以实现对标准件的相关编辑。

- ◆ "重定位"按钮 ：用于标准装配重新定位。
- ◆ "翻转方向"按钮 ：可以翻转选定标准件的放置方向。
- ◆ "移除组件"按钮 ：删除一个高亮显示的标准件。该标准件的引用集和它的连接腔体也一起会被删除。如果没有其他的引用组件，该部件文件会关闭。

6.2.4 推出机构设计

在注射成型的每一个循环中，塑件必须由模具的型腔或型芯上脱出，脱出塑件的机构称为推出机构。许多公司的标准件库都提供了顶杆和推管，用于推出设计，然后利用"注塑模向导"的顶杆后处理工具完成推出机构设计。

（1）"设计顶杆"按钮 创建顶杆并定位，包括创建顶杆的长度并设定配合的距离（与顶杆孔有公差配合的长度）。

（2）"顶杆后处理"按钮 该命令可以改变用"标准件库"命令创建的顶杆的长度，并设定配合的距离（与顶杆孔有公差配合的长度）。由于"顶杆后处理"命令要用到已经形成的型腔和型芯的分型片体，因此在使用之前必须先创建型腔、型芯。在用"标准件库"命令创建顶杆时，必须选择一个比要求值长的顶杆，才可以将它调整到合适的长度。

6.2.5 浇注系统设计

（1）流道设计 单击"流道"按钮 ，弹出"流道"对话框，如图 6-9 所示。流道设计步骤如下：

1）引导线。在"流道"对话框中单击"绘制截面"按钮 ，进入草图环境，绘制引导线；或单击"曲线"按钮 ，选择已有的曲线作为引导线。

2）截面。在"截面类型"下拉列表中有五种常用的流道截面类型：Circular（圆形）、Parabolic（抛物线形）、Trapezoidal（梯形）、Hexagonal（六边形）、Semi_Circular（半圆形）。在"详细信息"列表中双击参数值，即可修改流道参数。

当定义了引导线和截面后，单击"确定"按钮，即可创建流道。

（2）浇口设计 单击"设计填充"按钮 ，弹出"重用库"资源选项卡（图 6-10）、"设计填充"对话框（图 6-11）及"信息"窗口。

1）"组件"选项组：定义浇口类型或选择浇口进行编辑。

2)"详细信息"选项组：用于设置浇口的截面类型及相关参数。

3)"放置"选项组：定义浇口的放置位置及方位。

  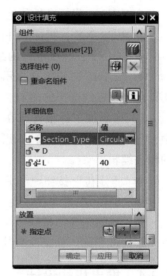

图 6-9 "流道"对话框　　图 6-10 "重用库"资源选项卡　　图 6-11 "设计填充"对话框

6.2.6　冷却系统设计

（1）水路　在"冷却工具"工具栏中有四种创建水路的命令按钮。

1)"水路图样"按钮：主要用于创建型腔和型芯的水路。通过指定曲线或绘制草图来创建水路。

2)"直接水路"按钮：用于在型芯、型腔水路与模板水路相通时创建相通水路，依据起点、方向和距离直接创建水路。

3)"连接水路"按钮：用于在两个水路之间创建连接水路。单击"连接水路"按钮，弹出"连接水路"对话框；然后选择要连接的第一条水路，再选择要连接的第二条水路，勾选"起点"复选框，在图形窗口中指定起点，单击"确定"按钮即可。

4)"延伸水路"按钮：用于创建水路的延伸。单击"延伸水路"按钮，弹出"延伸水路"对话框；然后选择要延伸的水路，在"距离"文本框中输入延伸值，单击"确定"按钮即可。

（2）冷却标准件库　在"冷却工具"工具栏中单击"冷却标准件库"按钮，弹出"重用库"资源选项卡、"冷却组件设计"对话框及"信息"窗口。在"重用库"资源选项卡中的"成员选择"列表中列出了所有冷却系统标准件，如图 6-12 所示。在"冷却组件设计"对话框的"详细信息"列表中，可以选择参数进行编辑操作，如图 6-13 所示。

下面介绍冷却标准件库中的常用组件。

1) COOLING HOLE（冷却孔）：循环冷却液的通过孔，如图 6-14 所示。

2) PIPE PLUG（管路堵塞）：密封冷却孔，如图 6-15 所示。

3) BAFFLE（隔水板）：起分流作用，常用于型腔比较深的场合，如图 6-16 所示。

4) BAFFLE_AUTO（自动隔水板）：自动生成冷却孔和隔水板，如图 6-17 所示。

项目6 塑料制品注射模设计

图 6-12 "重用库"资源选项卡

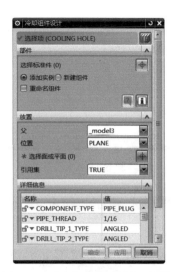

图 6-13 "冷却组件设计"对话框

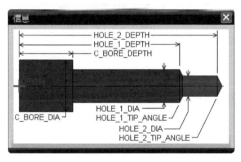

图 6-14 冷却孔

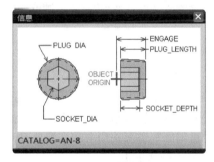

图 6-15 管路堵塞

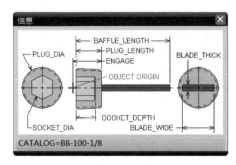

图 6-16 隔水板

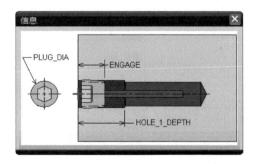

图 6-17 自动隔水板

5) CONNECTOR PLUG（水管接头）：用于进、出水口的连接和固定，如图 6-18 所示。

6) EXTENSION PLUG（延伸水管接头）：用于进、出水口连接和固定。可根据需要选择水管接头的长度，如图 6-19 所示。

7) DIVERTER（水塞）：用于密封冷却水孔，如图 6-20 所示。

8) O-RING（O 形圈）：用于防止冷却液渗漏，如图 6-21 所示。

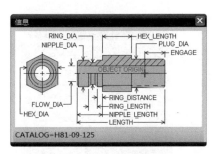

图 6-18 水管接头

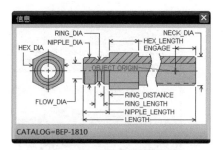

图 6-19 延伸水管接头

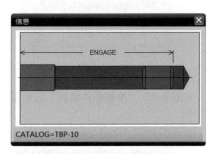

图 6-20 水塞

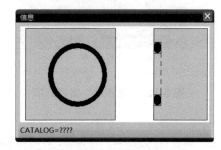

图 6-21 O 形圈

6.2.7 抽芯机构设计

当塑件上具有与开模方向不一致的侧孔、侧凹或凸台时，在脱模之前必须先抽掉侧向成型零件，如侧型芯，否则无法脱模。在"注塑模向导"工具条中单击"滑块和浮升销库"按钮，弹出"重用库"资源选项卡和"滑块和浮升销设计"对话框。

1. 滑块抽芯机构

在"重用库"资源选项卡中选择"Slide"，在"成员选择"列表中选择"Single Cam-pin Slide"，打开图 6-22 所示"滑块和浮升销设计"对话框，显示图 6-23 所示的"信息"窗口。在对话框中的"详细信息"中设置和编辑滑块抽芯机构的组件尺寸。

图 6-22 "重用库"资源选项卡及"滑块和浮升销设计"对话框（滑块抽芯机构）

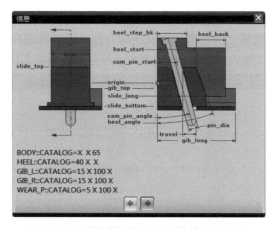

图 6-23 "信息"窗口（滑块抽芯机构）

滑块抽芯机构设计包括滑块头的设计和滑块体的选取。创建方法可分 4 个步骤：

1）在型芯或型腔内创建合适的滑块头实体。
2）使用"滑块和浮升销设计"对话框加入合适的滑块体。
3）使用 WAVE 功能链接滑块头到滑块实体上。
4）使用布尔运算合并滑块头和滑块体。

添加的滑块抽芯机构以子装配体的形式加到装配导航器中的 prod 节点下（prod 部件用于将独立的特定部件文件集合成一个装配的子组件），每个装配包括垫板、滑块体、导轨、滑块驱动部分和根据产品形状设计的滑块头。

2. 斜顶抽芯设计

在"重用库"资源选项卡中选择"Lifter"，在"成员选择"列表中选择"Dowel Lifter"，打开图 6-24 所示"滑块和浮升销设计"对话框，显示图 6-25 所示"信息"窗口。在该对话框中对斜顶抽芯机构的尺寸进行编辑和修改。

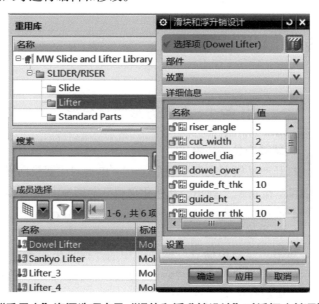

图 6-24 "重用库"资源选项卡及"滑块和浮升销设计"对话框（斜顶抽芯机构）

添加的斜顶抽芯机构以子装配体的形式加到装配导航器中的prod节点下。

在加入滑块和内抽芯机构之前，需先定义坐标方位，因为滑块和内抽芯的位置是根据坐标系的原点及轴的法向来定义的。WCS的Y轴方向必须与滑块和抽芯的移动方向一致。

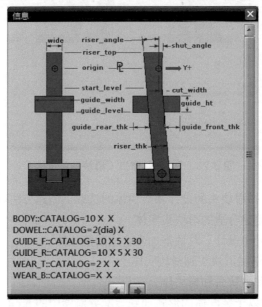

图6-25 "信息"窗口（斜顶抽芯机构）

6.2.8 开腔设计

在完成了标准件和其他组件的编辑和放置后，使用"腔"命令 来剪切相关或非相关的腔体。开腔设计的本质就是将标准件里的False体链接到目标体部件中，并将其从目标体中减掉，从而形成所需要的实体。

6.3 任务实施

任务1 塑料方形饭盒分模

塑料方形饭盒分模

1. 装载产品并初始化

打开产品模型文件（饭盒.prt），单击"注塑模向导"选项卡中的"初始化项目"按钮 ，弹出"初始化项目"对话框，如图6-26所示。在"项目单位"下拉列表中选择"毫米"，单击"确定"按钮。

2. 设置模具坐标系

单击"注塑模向导"选项卡中的"模具坐标系"按钮 ，弹出图6-27所示的"模具坐标系"对话框。选择"当前WCS"选项，单击"确定"按钮，完成模具坐标系的创建。

3. 设定收缩率

单击"注塑模向导"选项卡中的"收缩"按钮，弹出图 6-28 所示"缩放体"对话框。在"类型"下拉列表中选择"均匀"，在"均匀"文本框中输入"1.023"（收缩率为 2.3%），单击"确定"按钮，完成收缩率的设置。

图 6-26 "初始化项目"对话框　　图 6-27 "模具坐标系"对话框　　图 6-28 "缩放体"对话框

4. 定义成型工件

单击"注塑模向导"选项卡中的"工件"按钮，弹出"工件"对话框，如图 6-29 所示。定义成型工件，单击"确定"按钮，视图区加载成型工件，如图 6-30 所示。

图 6-29 "工件"对话框　　　　　　　图 6-30 成型工件

5. 分型设计

（1）编辑分型线　单击"分型刀具"工具栏中的"设计分型面"按钮，弹出"设计分型面"对话框，如图 6-31 所示。单击"编辑分型线"选项组中的"编辑分型线"按钮，选择图 6-32 所示轮廓线为分型线，单击"应用"按钮。激活创建分型面"方法"中的"有界平面"按钮，定义分型面的大小，拖动图 6-33 所示控制按钮使分型面大小超过工件大小，单击"确定"按钮，结果如图 6-34 所示。

图 6-31 "设计分型面"对话框

图 6-32 选择分型线

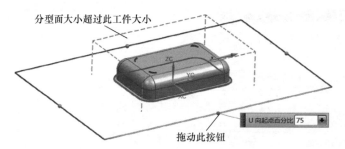

图 6-33 定义分型面大小

图 6-34 创建的分型面

（2）创建型腔区域　单击"分型刀具"工具栏中的"定义区域"按钮，弹出"定义区域"对话框。如图6-35所示，在"定义区域"列表框中选择"型腔区域"，在"设置"中勾选"创建区域"和"创建分型线"，单击"搜索区域"按钮，弹出图6-36所示的"搜索区域"对话框。单击图6-37所示的"种子面"，拖拉"高亮显示面"滑块到底，单击"确定"按钮，产生型腔区域。

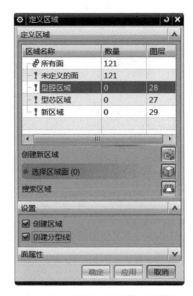

图6-35　"定义区域"对话框

图6-36　"搜索区域"对话框

图6-37　选择"种子面"

（3）创建型芯区域　按创建型腔区域的方法产生型芯区域，参数设置如图6-38所示，勾选"设置"选项组中的"创建区域"和"创建分型线"，单击"确定"按钮，完成型芯区域创建。

（4）创建型芯和型腔　单击"分型刀具"工具栏中的"定义型腔和型芯"按钮，弹出"定义型腔和型芯"对话框。在"区域名称"列表框中选择"所有区域"，如图6-39所示，单击"确定"按钮，系统将自动完成一系列的动作来创建型芯和型腔，结果如图6-40所示。

6. 保存文件

单击"文件"→"保存"→"保存所有"命令，保存全部零件文件。

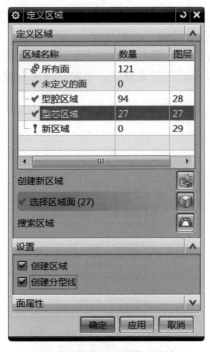

图6-38 "定义区域"对话框　　　　图6-39 "定义型腔和型芯"对话框

图6-40 创建的型芯和型腔

任务2　电动剃须刀塑料盖分模

电动剃须刀塑料盖分模

1. 装载产品并初始化

打开产品模型文件（电动剃须刀塑料盖 .prt），单击"注塑模向导"选项卡中的"初始化项目"按钮，弹出"初始化项目"对话框。在"材料"下拉列表中选择"PMMA"，在"项目单位"下拉列表中选择"毫米"，如图6-41所示，单击"确定"按钮，完成项目初始化设定。

2. 设置模具坐标系

单击"注塑模向导"选项卡中的"模具坐标系"按钮，弹出图6-42所示的"模具坐标系"对话框。选择"当前 WCS"选项，单击"确定"按钮，完成模具坐标系的创建。

项目6 塑料制品注射模设计

图6-41 "初始化项目"对话框

图6-42 "模具坐标系"对话框

3. 定义成型工件

单击"注塑模向导"选项卡中的"工件"按钮，弹出"工件"对话框。如图6-43所示，在"工件方法"下拉列表中选择"型腔-型芯"，再单击"工件库"按钮，弹出"工件镶块设计"对话框（图6-44）和"信息"窗口（图6-45）。在"工件镶块设计"对话框中的"详细信息"中，设置"SHAPE"为"ROUND"，"FOOT"为"ON"，其他尺寸修改如图6-44所示，单击"确定"按钮，返回"工件"对话框。单击绘图区工件，单击"确定"按钮，完成成型工件创建，结果如图6-46所示。

图6-43 "工件"对话框

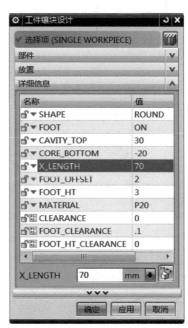

图6-44 "工件镶块设计"对话框

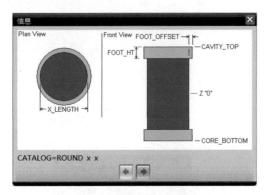

图 6-45 "信息"窗口

图 6-46 完成的成型工件

4. 分型设计

（1）编辑分型线　单击"分型刀具"工具栏中的"设计分型面"按钮，弹出"设计分型面"对话框，如图 6-47 所示。单击"编辑分型线"中的"选择分型线"按钮，然后选择图 6-48 所示的轮廓线为分型线，单击"应用"按钮。之后在"创建分型面"的"方法"中单击"有界平面"按钮，定义分型面的大小，拖动图 6-49 所示的控制按钮使分型面大小超过工件大小，单击"确定"按钮，结果如图 6-50 所示。

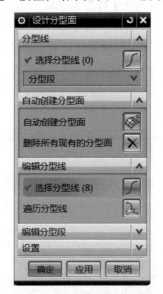

图 6-47 "设计分型面"对话框

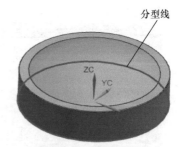

图 6-48 选择分型线

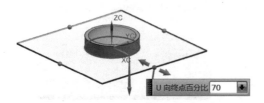

图 6-49 定义分型面大小

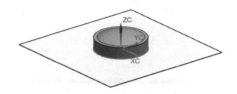

图 6-50 创建的分型面

(2)创建型腔区域 单击"分型刀具"工具栏中的"定义区域"按钮,弹出图 6-51 所示"定义区域"对话框。在"定义区域"列表框中选择"型腔区域",在"设置"中勾选"创建区域"和"创建分型线",单击"搜索区域"按钮,弹出图 6-52 所示"搜索区域"对话框。单击图 6-53 所示的"种子面",拖拉"高亮显示面"滑块到底,单击"确定"按钮,产生型腔区域。

图 6-51 "定义区域"对话框

图 6-52 "搜索区域"对话框

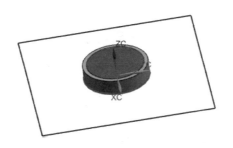

图 6-53 型腔种子面

(3)创建型芯区域 按创建型腔区域的方法产生型芯区域,参数设置如图 6-54 所示,勾选"设置"选项组中"创建区域"和"创建分型线",单击"确定"按钮,完成型芯区域的创建。

(4)创建型芯和型腔 单击"分型刀具"工具栏中的"定义型腔和型芯"按钮,弹出"定义型腔和型芯"对话框。在"区域名称"列表框中选择"所有区域",如图 6-55 所示,单击"应用"按钮,再单击"确定"按钮,完成型芯和型腔的创建。创建的型芯和型腔如图 6-56 所示。最后单击"文件"→"保存"→"全部保存",保存全部零件文件。

图 6-54 "定义区域"对话框

图 6-55 "定义型腔和型芯"对话框

图 6-56 型芯和型腔

任务 3 电动车充电器上盖（两板式）注射模设计

充电器上盖
分模及拆镶件

1. 加载产品

启动 NX 12.0，打开产品模型文件（充电器上盖 .prt），进入 UG 建模模块，单击"注塑模向导"选项卡中的"初始化项目"按钮，弹出"初始化项目"对话框。在"材料"下拉列表中选择"ABS"，设置"收缩"为"1.006"，其他参数全部采用默认值，如图 6-57 所示，单击"确定"按钮，完成项目初始化。

2. 设置模具坐标系

单击"主要"工具栏中的"模具坐标系"按钮，弹出"模具坐标系"对话框。选择"选定面的中心"，如图 6-58 所示，然后选择充电器上盖侧面的底平面，单击"确定"按钮，完成模具坐标系的设置。

3. 定义工件

单击"工件"按钮，弹出"工件"对话框；采用系统默认的参数，单击"确定"按钮，完成工件的创建,结果如图 6-59 所示。

图 6-57 "初始化项目"对话框　　图 6-58 "模具坐标系"对话框　　图 6-59 工件

4. 创建型芯和型腔

(1) 曲面补片　在"分型刀具"工具栏中单击"曲面补片"按钮，弹出"边补片"对话框。在"类型"下拉列表中选择"体",如图 6-60 所示,然后单击"选择体"按钮,再选择充电器上盖,最后单击"确定"按钮,系统自动修补各个孔,如图 6-61 所示。

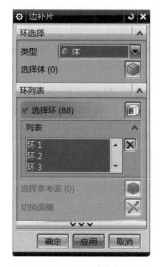
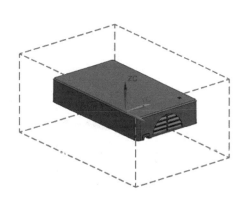

图 6-60 "边补片"对话框　　　　　　　图 6-61 自动修补孔

(2) 创建分型面　在"分型刀具"工具栏中单击"设计分型面"按钮，弹出图 6-62 所示"设计分型面"对话框。单击"编辑分型线"中的"选择分型线"按钮,然后选择图 6-63 所示的线段,单击"应用"按钮;再单击"编辑分型段"中的"选择分型或引导线"按钮,选择图 6-64 所示的 4 条引导线,单击 3 次"应用"按钮,再单击"确定"按钮,创建的分型面如图 6-65 所示。

图 6-62 "设计分型面"对话框

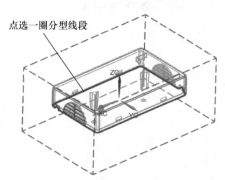

图 6-63 选择分型线段

图 6-64 添加引导线

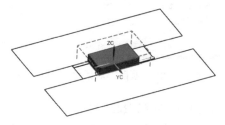

图 6-65 创建分型面

(3) 定义区域 单击"定义区域"按钮 ![], 弹出"定义区域"对话框, 如图 6-66 所示。在"定义区域"列表框中选择"型腔区域", 在"设置"中勾选"创建区域"和"创建分型线"; 单击"搜索区域"按钮 ![], 弹出"搜索区域"对话框, 选择充电器上盖上表面为"种子面", 拖动"高亮显示面"滑块到底, 然后单击"确定"按钮, 完成型腔区域创建。使用相同的操作方法创建型芯区域。

(4) 创建型芯和型腔 单击"定义型腔和型芯"按钮 ![], 弹出"定义型腔和型芯"对话框。如图 6-67 所示, 选择"所有区域", 单击 3 次"确定"按钮, 完成型芯和型腔的创建。

单击"菜单"→"窗口"→"core"或者"cavity"节点, 结果如图 6-68 所示。

图 6-66 "定义区域"对话框

图 6-67 "定义型腔和型芯"对话框

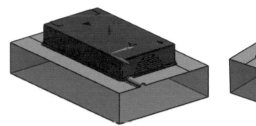

图 6-68 型芯和型腔

5. 型腔零件拆分出镶件和滑块头

（1）拆分出镶件 在窗口中打开型腔（cavity）零件，单击"菜单"→"插入"→"设计特征"→"拉伸"命令，打开"拉伸"对话框，然后点选型腔零件上表面绘制草图。进入草图环境后，单击"矩形"按钮，捕捉图 6-69 所示的两端点，完成草图绘制后回到"拉伸"对话框。在"限制"选项组中的"结束"下拉列表中选择"直至选定"，然后选择型腔零件的凸台面；在"布尔"下拉列表中选择"无"，单击"确定"按钮，如图 6-70 所示。

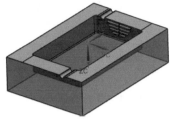

图 6-69 在草图环境绘制矩形（捕捉两端点）

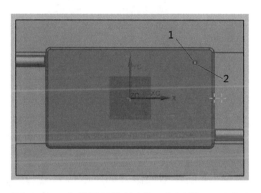

图 6-70 "拉伸"参数设置

单击"菜单"→"插入"→"组合"→"减去"命令，在弹出的"求差"对话框中勾选"保存工具"，然后选择型腔零件为目标体，新创建的镶件为工具体，单击"确定"按钮。

接下来创建镶件固定限位特征。首先隐藏型腔零件，只显示镶件。单击"拉伸"按钮，弹出"拉伸"对话框。单击鼠标滚轮，弹出"创建草图"对话框，选择图 6-71 所示的镶件底平面为草绘平面，单击"确定"按钮，进入草绘模式。利用"矩形"命令绘制图 6-72 所示的截面，完成草图后返回"拉伸"对话框。修改参数值，如图 6-73 所示，设置"布尔"为"合并"，单击"确定"按钮，最终完成的型腔镶件如图 6-74 所示。

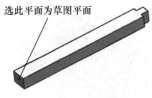
图 6-71 草图平面

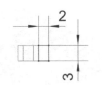
图 6-72 草图截面

图 6-73 "拉伸"参数设置

图 6-74 型腔镶件

（2）创建型腔镶件固定限位避让位　单击"菜单"→"编辑"→"显示和隐藏"→"全部显示"命令，显示型腔和镶件。再单击"菜单"→"插入"→"组合"→"减去"命令，在弹出的"求差"对话框中勾选"保存工具"，然后选择型腔零件为目标体，镶件为工具体，单击"确定"按钮。将镶件隐藏后，单击"菜单"→"插入"→"同步建模"→"移动面"命令，弹出"移动面"对话框；然后选择图 6-75 所示表面为要移动的面，在"移动面"对话框的"距离"文本框中输入"-0.5"，单击"确定"按钮。

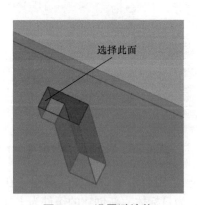
图 6-75 设置避让位

（3）从型腔零件拆分出两个滑块头　单击"拉伸"命令，打开"拉伸"对话框，然后选择型腔零件有孔的一个侧面绘制草图。进入草图环境后，使用"矩形"命令绘制图 6-76 所示草图，完成草图绘制后回到"拉伸"对话框。在"限制"选项组中的"结束"下拉列表中选择"直至选定"，然后选择型腔零件的内凸台面；在"布尔"下拉列表中选择"无"，单击"确定"按钮，如图 6-77 所示。

单击"菜单"→"插入"→"组合"→"减去"命令,在弹出的"求差"对话框中勾选"保存工具",然后选择型腔零件为目标体,新创建的滑块头为工具体,单击"确定"按钮。使用相同的方法,拆分出该滑块头对面的另一个滑块头。

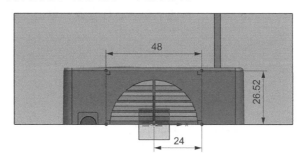

图 6-76 绘制滑块草图截面

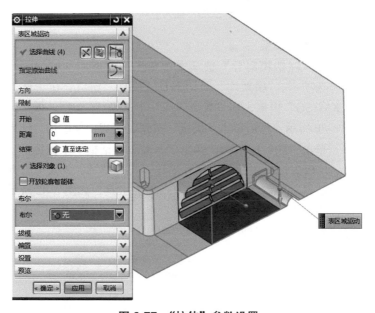

图 6-77 "拉伸"参数设置

6. 型腔布局及插入腔体

(1)型腔布局 单击"菜单"→"窗口"→"top"节点,显示型腔和型芯。然后在"注塑模向导"选项卡中单击"型腔布局"按钮,弹出"型腔布局"对话框。设置"布局类型"为"矩形""平衡","指定矢量"为"YC","型腔数"为"2",单击"开始布局"按钮,完成一模两腔的型腔布局,如图 6-78 所示。

(2)插入腔体 在"型腔布局"对话框中单击"编辑插入腔"按钮,弹出"插入腔"对话框。在"R"下拉列表中选择"5",设置"type"为"1",单击"确定"按钮,返回"型腔布局"对话框。单击对话框中的"自动对准中心"按钮,再单击"关

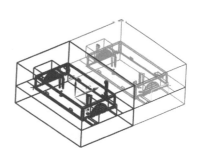

图 6-78 型腔布局

闭"按钮,完成插入腔体创建,如图 6-79 所示。

(3)合并腔 在"注塑模向导"选项卡中单击"合并腔"按钮，弹出"合并腔"对话框。在"组件"列表中选择"comb-cavity",然后在图形窗口选择要合并的两个型腔零件,单击"应用"按钮。再选择"comb-core",将两个型芯零件合并,单击"确定"按钮。

合并腔

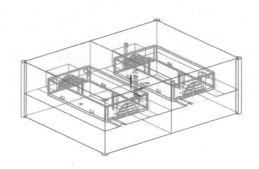

图 6-79 插入腔体

7. 添加模架

添加模架

在"注塑模向导"选项卡中单击"模架库"按钮，弹出"重用库"资源选项卡、"模架库"对话框及"信息"窗口。在"重用库"列表中选择"LKM_SG"模架,在"成员选择"中选择"C"型,模架的各项参数设置如图 6-80 所示,然后单击"确定"按钮,完成模架添加,结果如图 6-81 所示。

单击"腔"按钮，弹出"开腔"对话框。根据提示,在视图中选择 A 板、B 板为目标体,单击鼠标滚轮,再选择 A、B 板中的方块(注意在"装配导航器"中勾选"pocket"节点)为工具,如图 6-82 所示,然后单击"确定"按钮,完成模架 A 板、B 板的开腔操作。

开腔操作后,将"pocket"节点抑制掉。

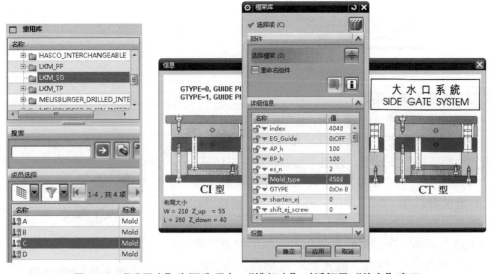

图 6-80 "重用库"资源选项卡、"模架库"对话框及"信息"窗口

项目6 塑料制品注射模设计

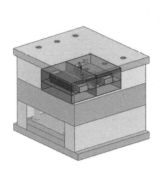

图 6-81 模架

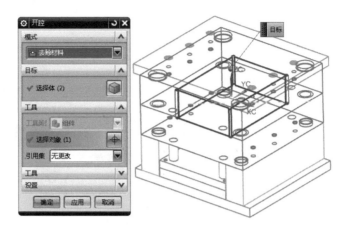

图 6-82 模架 A 板、B 板开腔

8. 创建内抽芯机构

（1）调整坐标系 在"装配导航器"中先关闭所有组件节点，再打开型芯节点，然后将坐标系原点调整到内壁一个倒扣边界的中点上，使 +YC 轴方向背离产品实体，如图 6-83 所示。

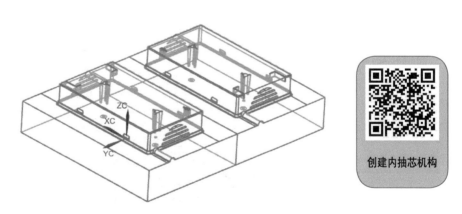

图 6-83 调整后的坐标系

（2）添加内抽芯机构 在"注塑模向导"选项卡中单击"滑块和浮升销库"按钮，在弹出的"重用库"列表中选择"Lifter"，在"成员选择"列表中选择"Dowel Lifter"；在打开的"滑块和浮升销设计"对话框中的"详细信息"列表中对斜顶杆抽芯机构的尺寸进行修改，各项参数设置如图 6-84 所示；最后单击"确定"按钮，添加的斜顶杆组件如图 6-85 所示。

（3）创建内抽芯体成型部分 在"注塑模工具"工具栏中单击"修边模具组件"按钮，然后选择斜顶杆，单击对话框中的"确定"按钮，完成斜顶杆头部的修剪，如图 6-86 所示。

按上述相同的方法和步骤，完成另外三个内抽芯机构的创建，结果如图 6-87 所示。

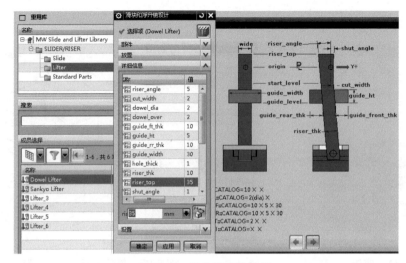

图 6-84 浮升销参数设置

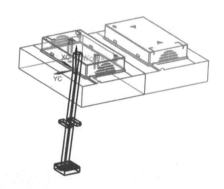

图 6-85 斜顶杆

图 6-86 斜顶杆头部修剪效果

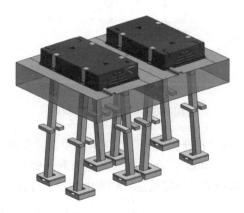

图 6-87 内抽芯机构

创建外抽芯机构

9. 创建外抽芯机构

（1）调整坐标系　在"装配导航器"中关闭所有组件节点，再打开型腔节点，然后将坐标系原点调整到滑块头边界的中点上，使 +YC 轴方向指向产品实体，如图 6-88 所示。

（2）添加外抽芯机构 在"注塑模向导"选项卡中单击"滑块和浮升销库"按钮，在弹出的"重用库"列表中选择"Slide"，在"成员选择"列表中选择"slide_8"；在打开的"滑块和浮升销设计"对话框中的"详细信息"中对滑块抽芯机构的尺寸进行修改，各项参数设置如图6-89所示；最后单击"确定"按钮，添加的滑块组件如图6-90所示。

按上述相同的方法和步骤，完成另一组滑块组件外抽芯机构的创建，结果如图6-91所示。

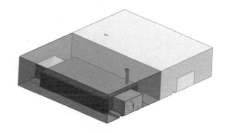

图6-88 调整后的坐标系

将滑块体设置为工作部件，利用装配模块中的"WAVE几何连接器"按钮将滑块头复制到当前工作部件中。完成后退出"工作部件"状态。

（3）开腔操作 在"装配导航器"中勾选"moldbase"节点，显示模架。单击"腔"按钮，弹出"开腔"对话框。根据提示，在视图中选择A板、B板为目标体，单击鼠标滚轮，再选择A板、B板中的滑块组件（注意在"装配导航器"中勾选"Slide_assm"节点）为工具，如图6-92所示，然后单击"确定"按钮，完成模架A板、B板的开腔操作。

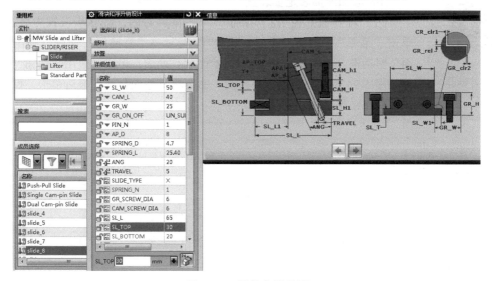

图6-89 滑块参数设置

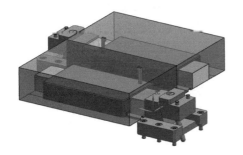

图6-90 添加滑块组件

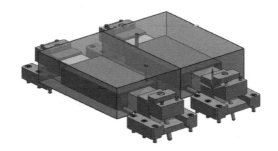

图6-91 添加另一组滑块组件

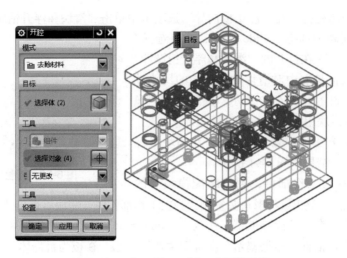

图 6-92 在 A 板、B 板开出滑块腔体

10. 添加外抽芯定位装置

添加外抽芯定位装置

（1）对 B 板开腔 选择 B 板并单击鼠标右键，将 B 板设置为显示部件。单击"菜单"→"插入"→"同步建模"→"替换面"命令，弹出"替换面"对话框；选择图 6-93 所示原始面和替换面，单击"应用"按钮，完成效果如图 6-94 所示。再用"替换面"命令将其他面替换，最后单击"保存"按钮。最终结果如图 6-95 所示。

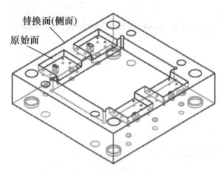

图 6-93 选择原始面和替换面

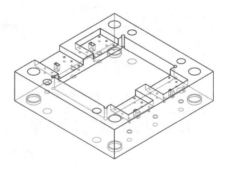

图 6-94 替换面后效果

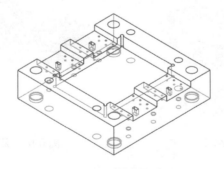

图 6-95 替换面最终效果

（2）添加限位螺钉　在"注塑模向导"选项卡中单击"标准件库"按钮，弹出"信息"窗口、"标准件管理"对话框及"重用库"资源选项卡，如图 6-96 所示。在"重用库"列表中选择"DME_MM"下面的"Screws"（螺钉），在"成员选择"列表中选择"SHCS [Auto]"（内六角圆柱头螺钉）。在"标准件管理"对话框中的"详细信息"列表中设置"SIZE"（尺寸）为"6"，"ORIGIN_TYPE"（原点类型）为"2"，"PLATE_HEIGHT"（板厚）为"5"，再单击"选择面或平面"按钮，在图形窗口中选择 B 板上与滑块底面接触的表面，单击"确定"按钮，弹出"标准件位置"对话框；捕捉滑块尾部边线中点，如图 6-97 所示，在"X 偏置"文本框中补充输入"+10"（在原参数后面），单击"确定"按钮，结果如图 6-98 所示。按照上述方法，在对面滑块外侧再创建一个限位螺钉。

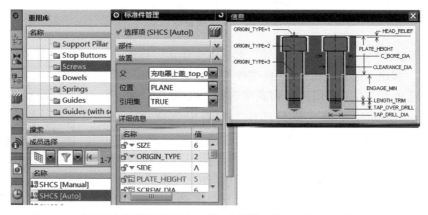

图 6-96　"重用库"资源选项卡、"标准件管理"对话框及"信息"窗口

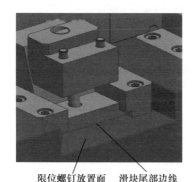

图 6-97　捕捉滑块尾部边线中点

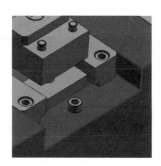

图 6-98　创建的限位螺钉

11. 创建浇注系统

（1）添加定位圈　在"注塑模向导"选项卡中单击"标准件库"按钮，弹出"信息"窗口、"标准件管理"对话框和"重用库"资源选项卡。在"重用库"列表中选择"FUTABA_MM"下面的"Locating Ring Interchangeable"，在"成员选择"列表中选择"Locating Ring"，如图 6-99 所示。在"标准件管理"对话框中的"详细信息"列表中，设置"TYPE"为"M-LRC"，根据所选注射机技术参数，在"DIAMETER"文本框中输入"125"，单击"确定"按钮，创建的定位圈如图 6-100 所示。

创建浇注系统

图 6-99 定位圈参数设置

（2）添加浇口套 在"注塑模向导"选项卡中单击"标准件库"按钮，弹出"信息"窗口、"标准件管理"对话框和"重用库"资源选项卡。在"重用库"列表中选择"FUTABA_MM"下面的"Sprue Bushing"，在"成员选择"列表中选择"Sprue Bushing"。在"标准件管理"对话框中的"详细信息"列表中，设置"CATALOG"为"M-SBA"，根据所选注射机 HTF120J/TJ 的技术参数，浇口套的其他参数设置如图 6-101 所示，单击"确定"按钮，创建的浇口套如图 6-102 所示。

图 6-100 创建定位圈

图 6-101 浇口套参数设置

（3）添加分流道 在"注塑模向导"选项卡中单击"设计填充"按钮，弹出"信息"窗口、"设计填充"对话框和"重用库"资源选项卡。在"重用库"列表中选择"FILL_MM"，在"成员选择"列表中选择"Runner[4]"。在"设计填充"对话框中的"详细信息"列表中分别将"D1""L1""L""D"的参数改为"7.5""120""40""7"，如图 6-103 所示；然后指定方位，拖动 XC-YC 面上的旋转小球，让其绕着 ZC 轴沿逆时针方向旋转 90°，单击"确定"按钮，完成分流道创建，结果如图 6-104 所示。

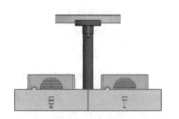

图 6-102 浇口套

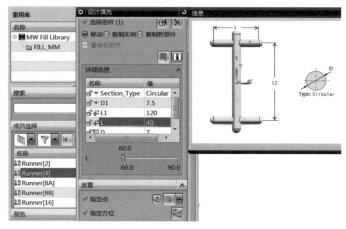

图 6-103 分流道参数设置

(4) 添加浇口 在"注塑模向导"选项卡中单击"设计填充"按钮，弹出"信息"窗口、"设计填充"对话框和"重用库"资源选项卡。在"重用库"列表中选择"FILL_MM"，在"成员选择"列表中选择"Runner[2]"。在"设计填充"对话框中的"详细信息"列表中分别将"D"和"L"的参数改为"3"和"10"，然后定义浇口起始点（单击"设计填充"对话框中的"指定点"按钮，选取图 6-105 所示的圆弧边线），再定义浇口方位（拖动 XC-YC 面上的旋转小球，让其绕着 ZC 轴沿逆时针方向旋转 90°），单击"确定"按钮，完成一个浇口的创建，如图 6-106 所示。重复上面的操作，完成其他 3 个浇口的创建。

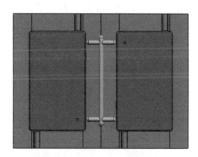

图 6-104 分流道

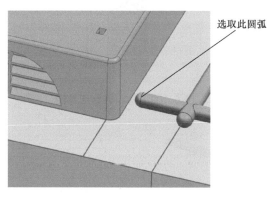

图 6-105 定义浇口位置

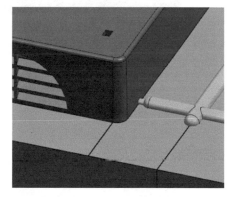

图 6-106 创建的浇口

(5) 创建拉料杆

1) 添加拉料杆。在"注塑模向导"选项卡中单击"标准件库"按钮，弹出"信息"窗口、"标准件管理"对话框和"重用库"资源选项卡。在"重用库"列表中选择"FUTABA_MM"下面的"Ejector Pin"，在"成员选择"列表中选择"Ejector Pin Straight"。在"标准件管理"对话框中的"详细信息"列表中，设置"CATALOG"为"EJ"，"CATALOG_DIA"为"8"，"CATALOG_LENGTH"为"200"，单击"确定"按钮，系统弹出"点"对话框。在

"XC""YC""ZC"文本框中全部输入"0",单击"确定"按钮,返回"点"对话框。单击"取消"按钮,结果如图6-107所示。

2)创建拉料杆腔。在"注塑模向导"选项卡中单击"腔"按钮，弹出"开腔"对话框。在"模式"下拉列表中选择"去除材料",在"工具"选项组中的"工具类型"下拉列表中选择"组件",然后选取动模板（B板）、型芯和推杆固定板为目标体,单击鼠标滚轮确认,选取拉料杆为工具体,单击"确定"按钮,完成拉料杆腔的创建。

3)修整拉料杆。在图形区选择拉料杆并单击鼠标右键,在弹出的快捷菜单中选择"在窗口中打开"命令,系统将拉料杆在单独的窗口打开。单击"菜单"→"插入"→"基准/点"→"基准坐标系"命令,弹出"基准坐标系"对话框；单击"确定"按钮,完成基准坐标系创建。单击"菜单"→"插入"→"设计特征"→"拉伸"命令,弹出"拉伸"对话框。选取ZC-XC基准平面为草图平面,绘制图6-108所示的草图。在"拉伸"对话框中的"限制"选项组中的"开始"下拉列表中选择"对称值",并在其下的"距离"文本框中输入"10",在"布尔"下拉列表中选择"减去",然后选择拉料杆为目标体,单击"确定"按钮,完成拉料杆的修整,结果如图6-109所示。回到装配环境下进行文件保存。

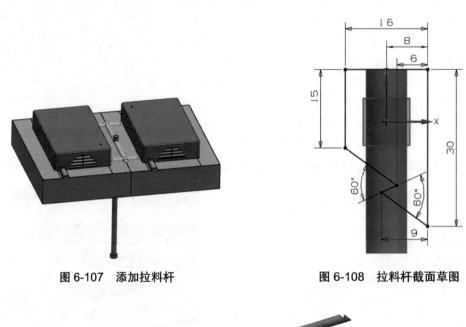

图6-107 添加拉料杆　　　　图6-108 拉料杆截面草图

图6-109 修整后的拉料杆

添加推管推出机构

12. 添加推管推出机构

(1)添加推管　在"注塑模向导"选项卡中单击"标准件库"按钮，弹出"信息"窗口、"标准件管理"对话框和"重用库"资源选项卡。在"重用库"列表中选择"FUTABA_MM"下面的"Ejector Sleeve",在"成员选择"列表中选择"Ejector Sleeve [E-SL]"。在"标准件管理"对话框的"详细信息"列表中,设置"PIN CATALOG"为"E-EJ","PIN_CATALOG_DIA"为"3","SLEEVE_OD"为"6","SLEEVE_CATALOG_LENGTH"为"175","PIN_CATALOG_LENGTH"为"250",如图 6-110 所示,单击"确定"按钮,系统弹出"点"对话框。捕捉充电器的一个螺钉孔圆心,如图 6-111 所示,又弹出"点"对话框;捕捉充电器的另一个螺钉孔圆心,单击"取消"按钮,完成推管添加,结果如图 6-112 所示。

(2)修剪推管 在"注塑模向导"选项卡中单击"顶杆后处理"按钮,弹出"顶杆后处理"对话框。在"类型"列表中选择"修剪",在"目标"列表中选择推管和芯杆,单击"确定"按钮,完成推管修剪。

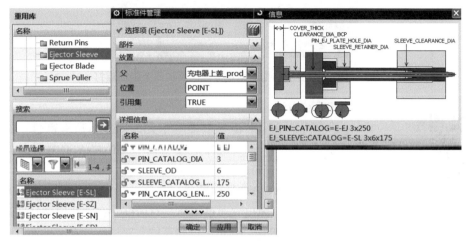

图 6-110 推管参数设置

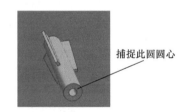

图 6-111 捕捉充电器螺钉孔圆心

图 6-112 添加推管效果

13. 添加紧固螺钉

首先添加型腔和型腔固定板之间的紧固螺钉。在"注塑模向导"选项卡中单击"标准件库"按钮,弹出"信息"窗口、"标准件管理"对话框及"重用库"资源选项卡。在"重用库"列表中选择"DME_MM"下面的"Screws",在"成员选择"列表中选择"SHCS[Auto]"。在"标准件管理"对话框中的"详细信息"列表中设置"SIZE"为"8","ORIGIN_TYPE"为"1","PLATE_HEIGHT"为"45",再单击"选择面或平面"按钮,在图形窗口中选择 A 板上表面,单击"确定"按钮,弹出"标准件位置"对话框。在"指定点"中的"X 偏置"中输入"90","Y 偏置"中输入"125",单击"应用"按钮。同样地再指定三个点,在"X 偏置"和"Y 偏置"中分别输入(-60,125)、(90,-125)、(-60,-125),单击"应用"按钮后单击"取消"按钮,结果如图 6-113 所示。

添加紧固螺钉

使用相同的方法,在型芯和型芯固定板之间添加四个紧固螺钉。

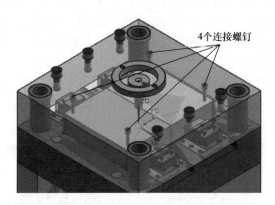

图 6-113　在型腔和型腔固定板之间添加四个紧固螺钉

14. 冷却系统设计

冷却系统设计

1)显示型腔。在"装配导航器"中先关闭显示所有部件,然后勾选"充电器上盖_layout"→"充电器上盖_combined"→"充电器上盖_comb-cavity"节点,只显示型腔,如图 6-114 所示。

2)创建平行于 XC-YC 平面的水路。在"注塑模向导"选项卡中单击"水路图样"按钮 ,弹出"通道图样"对话框。在"通道路径"选项组中单击"绘制截面"按钮 ,弹出"创建草图"对话框。在"平面方法"下拉列表中选择"新平面",在"指定平面"下拉列表中选择"XC-YC 平面",在弹出的"距离"文本框中输入"40",单击"确定"按钮,进入草图环境。绘制型腔水路草图,如图 6-114 所示,单击"完成"按钮 ,退出草图环境。在"水路图样"对话框中的"通道直径"文本框中输入"8",单击"确定"按钮,创建的水路如图 6-115 所示。

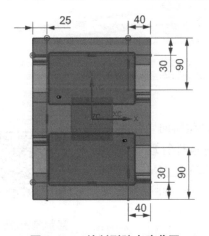

图 6-114　绘制型腔水路草图

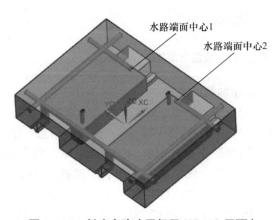

图 6-115　创建水路(平行于 XC-YC 平面)

3)创建平行于 ZC-YC 平面的水路。在"注塑模向导"选项卡中单击"直接水路"按钮 ,弹出"直接水路"对话框。在"通道位置"选项组中单击"点对话框"按钮,弹出"点"对话框。捕捉图 6-115 所示的水路端面中心 1,在"偏置选项"下拉列表中选择"直角坐标",在

"YC增量"文本框中输入"5",单击"确定"按钮,返回"直接水路"对话框。在"指定矢量"下拉列表中选择"ZC",在"距离"文本框中输入"30",在"通道直径"文本框中输入"8"单击"应用"按钮。同样地,捕捉图6-115所示的水路端面中心2,在"偏置选项"下拉列表中选择"直角坐标",在"YC增量"文本框中输入"-5",单击"确定"按钮,返回"直接水路"对话框。在"指定矢量"下拉列表中选择"ZC",在"距离"文本框中输入"30",在"通道直径"文本框中输入"8",单击"确定"按钮。创建的水路如图6-116所示。重复上述方法,分别捕捉图6-116所示的水路端面中心3和4,在"指定矢量"下拉列表中选择"XC",在"距离"文本框中输入"135",在"通道直径"文本框中输入"8",创建两条型腔固定板上的水路,如图6-117所示。

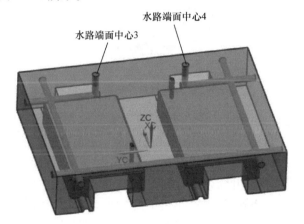

图 6-116 平行于 ZC-YC 平面的水路

图 6-117 型腔固定板上的水路

4)创建水路延伸。因为冷却孔是用钻头钻削加工而成的,钻头的顶角是118°,所以孔底有118°锥角。在"注塑模向导"选项卡中单击"延伸水路"按钮,弹出"延伸水路"对话框。选择要延伸的水路,在"距离"文本框中输入"5",在"末端"选项组中选择"角度",在"顶锥角"文本框中输入"118",单击"应用"按钮。重复以上操作,将另一条水路延伸1mm,并创建118°圆锥头部。至此,完成水路延伸及118°圆锥头部的创建,如图6-118所示。

5)将冷却水路组合为一个回路。在"注塑模向导"选项卡的"冷却工具"工具栏中单击"冷却回路"按钮,弹出"冷却回路"对话框。选择入水口水路,然后按照冷却水要流动的方向选择水路上的箭头,最后到达出水口水路,单击"确定"按钮,效果如图6-119所示。

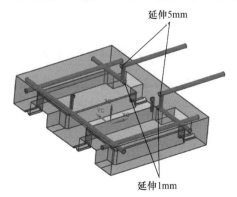

图 6-118 延伸水路效果

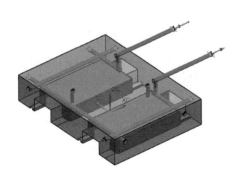

图 6-119 将冷却水路组合为一个回路效果

6）添加管塞和水管接头。在"注塑模向导"选项卡的"主要"工具栏中单击"概念设计"按钮，弹出"概念设计"对话框，如图 6-120 所示。在"选择符号或点"列表中选择"pipe_plug"和"connector"，单击"确定"按钮，完成管塞和水管接头的创建，效果如图 6-121 所示。

图 6-120 "概念设计"对话框

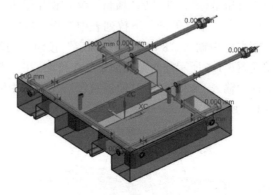

图 6-121 添加管塞和水管接头效果

7）创建水路腔体。在"注塑模向导"选项卡中单击"腔"按钮，弹出"开腔"对话框。在"模式"下拉列表中选择"去除材料"；在"目标"选项组中的"选择体"按钮激活状态下选取型腔为目标体，单击鼠标滚轮确认；在"工具类型"下拉列表中选择"实体"，然后选取管塞和水道为工具体，单击"确定"按钮，完成型腔水路开腔，效果如图 6-122 所示。

在"装配导航器"中选择"充电器上盖_comb-cavity"并单击鼠标右键，选择"在窗口中打开父项"，然后选择"充电器上盖_top"，回到顶层，显示整副模具。单击"腔"按钮，弹出"开腔"对话框。选取型腔固定板为目标体，然后单击鼠标滚轮确认，再选水管接头和型腔固定板水路为工具体，单击"确定"按钮，完成型腔固定板水路开腔，效果如图 6-123 所示。

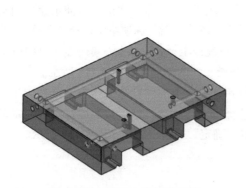

图 6-122 型腔水路开腔效果

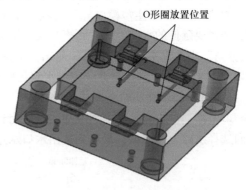

图 6-123 型腔固定板水路开腔效果

创建 O 形圈

8）创建 O 形圈。在"注塑模向导"选项卡中单击"冷却标准件库"按钮，弹出"重用库"资源选项卡、"冷却组件设计"对话框及"信息"窗口。在"重用库"列表中选择"COOLING"，在"成员选择"列表中选择"O-RING"。在"冷却组件设计"对话框中的"放置"下拉列表中选择"PLANE"，在"详细信息"列表中设置"FITTING_DIA"为"8"，然后在图形窗口中选择要放置 O 形圈的型腔固定板表面，单击"确定"按钮，弹出

"标准件位置"对话框。捕捉图 6-123 所示水路的一个孔的圆心位置,单击"应用"按钮;再选择另一个孔圆心,单击"确定"按钮,创建两个 O 形圈,结果如图 6-124 所示。

9)重复上述创建冷却水路的操作步骤,在型芯和型芯固定板上创建冷却水路,并添加管塞、水管接头和 O 形圈,效果如图 6-125 所示。

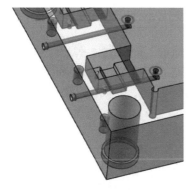
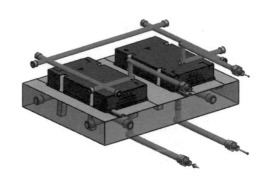

图 6-124　型腔固定板上创建 O 形圈　　　图 6-125　型芯固定板上冷却水路组件

15. 自动建腔

在"注塑模向导"选项卡中单击"腔"按钮，弹出"开腔"对话框。在"模式"下拉列表中选择"去除材料",在"工具"选项组中选择推管、定位环、浇口套、分流道、浇口、内抽芯机构、外抽芯机构和螺钉,然后单击"查找相交"按钮,系统自动搜寻与这些组件相交的组件,单击"确定"按钮,完成自动建腔,从而为推管、定位环、浇口套、分流道、浇口、内抽芯机构、外抽芯机构和螺钉建立安装使用的腔,如图 6-126 所示。

自动建腔

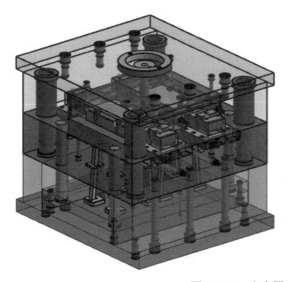
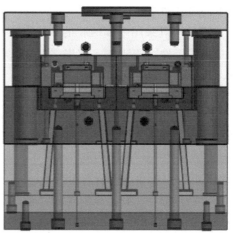

图 6-126　充电器上盖注塑模

任务4 化妆品盖（三板式）模具设计

化妆品盖分模

1. 加载产品并初始化

打开产品模型文件（化妆品盖.prt），单击"注塑模向导"选项卡中的"初始化项目"按钮，弹出"初始化项目"对话框。在"项目单位"下拉列表中选择"毫米"，单击"确定"按钮。

2. 设置模具坐标系

单击"主要"工具栏中的"模具坐标系"按钮，弹出"模具坐标系"对话框。选择"选定面的中心"，取消勾选"锁定Z位置"，如图6-127所示，然后选择化妆品盖的底平面，如图6-128所示，单击"确定"按钮，完成模具坐标系的设置。

图6-127 "模具坐标系"对话框

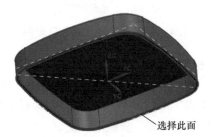

图6-128 模具坐标系位置

3. 设定收缩率

单击"注塑模向导"选项卡中的"收缩"按钮，弹出"缩放体"对话框。在"类型"下拉列表中选择"均匀"，在"比例因子"文本框中输入"1.017"（收缩率为1.7%），单击"确定"按钮，完成收缩率的设置。

4. 创建工件

此产品模具采用一模两腔的布局形式，通过自动创建工件的方式创建单个型腔的模具工件。单击"工件"按钮，弹出"工件"对话框；采用系统默认的参数，单击"确定"按钮，完成工件创建，如图6-129所示。

5. 设置模具布局

（1）型腔布局 在"注塑模向导"选项卡中单击"型腔布局"按钮，弹出"型腔布局"对话框。在"布局类型"下拉列表中选择"矩形"，点选"平衡"，设置"指定矢量"为"YC"，"型腔数"为"2"，"间隙距离"为"0"，如图6-130所示，最后单击"开始布局"按钮，完成一模两腔的型腔布局，结果如图6-131所示。

（2）插入腔体 在"型腔布局"对话框中，单击"编辑插入腔"按钮，弹出"插入腔"对话框。在"R"下拉列表中选择"5"，在"type"选项中选择"1"，单击"确定"按钮，返回"型腔布局"对话框。单击"自动对准中心"按钮，再单击"关闭"按钮，完成插入腔体创建，结果如图6-132所示。

项目 6 塑料制品注射模设计

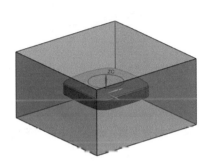

图 6-129 创建的工件

图 6-130 "型腔布局"对话框

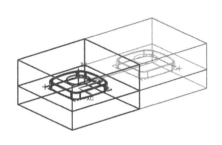

图 6-131 型腔布局结果

图 6-132 插入腔体

6. 创建型腔和型芯

（1）设置分型区域 在分型管理器中利用颜色对相关型芯、型腔区域进行区分。单击"分型刀具"工具栏中的"检查区域"按钮，弹出图 6-133 所示的"检查区域"对话框。在"计算"选项卡中，设置"指定脱膜方向"为"ZC"，其他设置默认不变，单击对话框中的"计算"按钮，再单击"应用"按钮。然后单击"检查区域"对话框中的"区域"选项卡，如图 6-134 所示，对话框中显示出型腔区域、型芯区域及未定义区域的相关参数信息，单击"设置区域颜色"按钮，系统按默认设置分别在型腔区域、型芯区域、未定义区域中着色，如图 6-135 所示，最后单击"确定"按钮，退出"检查区域"对话框。

（2）抽取分型线及型芯、型腔表面 单击"分型刀具"工具栏中的"定义区域"按钮，弹出"定义区域"对话框。勾选"创建区域"和"创建分型线"，如图 6-136 所示，单击"确定"按钮，系统自动抽取型芯、型腔表面及最大的分型线。在"装配导航器"中分别单独勾选"分型线""型腔"及"型芯"，系统将分别显示分型线、型腔及型芯，如图 6-137～图 6-139 所示。

 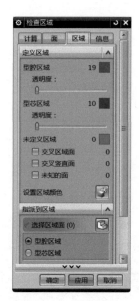

图 6-133 "检查区域"对话框中的"计算"选项卡　　图 6-134 "检查区域"对话框中的"区域"选项卡

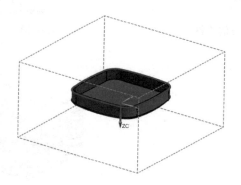

图 6-135 设置区域颜色后的零件

 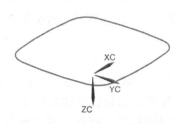

图 6-136 "定义区域"对话框　　　　　　　图 6-137 分型线

图 6-138 型腔表面

图 6-139 型芯表面

(3)创建分型面 单击"分型刀具"工具栏中的"设计分型面"按钮，弹出图 6-140 所示的"设计分型面"对话框。按住鼠标左键将分型面调节球向外拖拽，使分型面尺寸大于工件尺寸，如图 6-141 所示，最后单击"确定"按钮。

图 6-140 "设计分型面"对话框

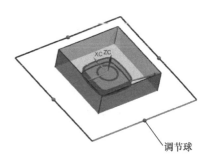
图 6-141 创建分型面

(4)创建型腔和型芯 单击"分型刀具"工具栏中的"定义型腔和型芯"按钮，弹出图 6-142 所示的"定义型腔和型芯"对话框。在"区域名称"列表中选择"所有区域"，默认系统其他设置，单击"确定"按钮，系统自动计算型腔零件，显示图 6-143 所示的型腔零件，并弹出"查看分型结果"对话框，如图 6-144 所示；在"查看分型结果"对话框中单击"确定"按钮，系统自动计算型芯零件，显出图 6-145 所示的型芯零件，并弹出"查看分型结果"对话框；最后单击"确定"按钮。

图 6-142 "定义型腔和型芯"对话框

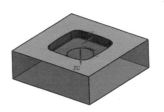
图 6-143 型腔零件

图 6-144 "查看分型结果"对话框

图 6-145 型芯零件

7. 加载标准模架

添加模架

在"注塑模向导"选项卡中单击"模架库"按钮▤，弹出"重用库"资源选项卡、"模架库"对话框（图 6-146）及"信息"窗口（图 6-147）。在"重用库"列表中选择"LKM_TP"模架，在"成员选择"中选择"FC"型，模架的各项参数设置如图 6-146 所示，单击"确定"按钮，完成模架的添加，结果如图 6-148 所示。

单击"腔"按钮，弹出"开腔"对话框，如图 6-149 所示。根据提示，在视图中选择型腔固定板（A 板）和型芯固定板（B 板）为目标体，单击鼠标滚轮确认，再选择 A 板、B 板中的腔体方块（注意在"装配导航器"中选择"pocket"节点）为工具，如图 6-150 所示，然后单击"确定"按钮，完成模架 A 板、B 板的开腔操作。选择"装配导航器"中"pocket"节点并单击鼠标右键，在弹出的菜单中选择"抑制"命令。

单击"文件"→"保存"→"全部保存"命令，自动保存所有文件。

图 6-146 "重用库"资源选项卡和"模架库"对话框

项目6 塑料制品注射模设计

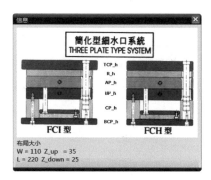

图 6-147 "信息"窗口

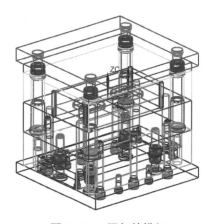

图 6-148 添加的模架

图 6-149 "开腔"对话框

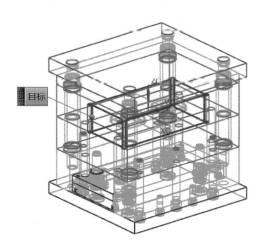

图 6-150 A板、B板开腔

8. 创建浇注系统

本例中的塑件采用一模两腔的布局形式,浇口类型为点浇口,每个塑件上有两个进浇点,采用细水口浇口套。浇注系统的创建过程如下。

（1）创建浇口套

1）新建浇口套文件。在"装配导航器"中将动模部分的零件全部隐藏,只显示定模部分,如图 6-151 所示。在"装配导航器"中选择"化妆品盖_fill_013"并单击鼠标右键,在弹出的快捷菜单中选择"WAVE"→"新建层"命令;在弹出的"新建层"对话框中单击"指定部件名"按钮,弹出"选择部件名"对话框;输入文件名"化妆品盖_spruebushing.prt",单击"OK"按钮,返回"新建层"对话框。单击"确定"按钮退出对话框。在"装配导航器"中自动添加了浇口套零件节点,如图 6-152 所示。

创建浇注
系统

2）在"装配导航器"中双击"化妆品盖_spruebushing"节点,将其转换为工作部件。单击"主页"选项卡,在"特征"工具栏中单击"旋转"按钮,弹出"旋转"对话框。单击对话框中的"绘制截面"按钮,弹出"创建草图"对话框。在图形窗口中选择 ZC-XC 基准平面作为草绘平面,单击"确定"按钮,系统自动进入草绘模式。利用草绘工具绘制图 6-153 所示的草图截面,确认无误后,单击"完成"按钮 ,返回"旋转"对话框。选择 Z 轴为旋转轴,设置"角度"为"360",在对话框中单击"确定"按钮,完成的旋转特征如图 6-154 所示。打开"化妆品盖 _spruebushing.prt"节点,显示效果如图 6-155 所示。

图 6-151 显示定模部分

图 6-152 装配导航器

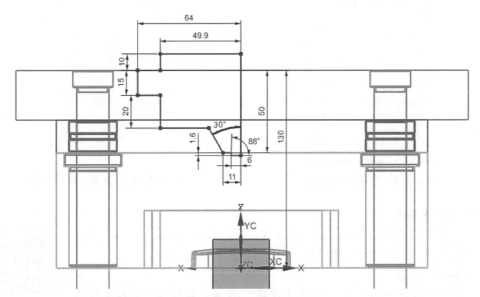

图 6-153 绘制草图截面

图 6-154 旋转特征

图 6-155 浇口套零件

3）创建浇口套安装位。在"装配导航器"中双击"化妆品盖_top_009"节点，将其设置为工作部件。在"注塑模向导"中单击"腔"按钮，弹出"开腔"对话框。在图形窗口中选择定模座板、脱料板和型腔固定板（A板）为目标体，选择创建的浇口套为工具，在"工具类型"下拉列表中选择"实体"，单击"确定"按钮。隐藏浇口套后，完成修剪后的浇口套安装位如图6-156所示。

4）在"装配导航器"中双击"化妆品盖_spruebushing"节点，将其转换为工作部件。选择"主页"选项卡，在"特征"工具栏中单击"旋转"按钮，弹出"旋转"对话框。单击对话框中的"绘制截面"按钮，弹出"创建草图"对话框。在视图窗口中选择ZC-XC基准平面作为草绘平面，单击"确定"按钮，系统自动进入草绘模式。利用草绘工具绘制图6-157所示的草图截面，确认无误后，单击"完成"按钮，返回"旋转"对话框。选择Z轴为旋转轴，设置"角度"为"360"，"布尔"为"减去"，如图6-158所示，单击"确定"按钮，创建的浇口套如图6-159所示。

图 6-156　浇口套安装位

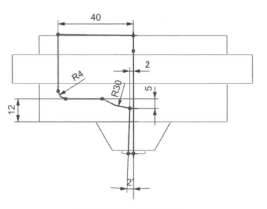

图 6-157　草绘截面

图 6-158　"旋转"设置

图 6-159　浇口套零件

5）创建定位螺钉孔。将"化妆品盖_spruebushing.prt"节点设为"工作部件"，并隐藏其他部件。单击"菜单"→"插入"→"在任务环境中绘制草图"命令，弹出"创建草图"对话框。在视图窗口中选择图6-160所示的面为草绘平面，单击"确定"按钮。利用草绘工具绘制出图6-161所示的草图截面后，单击"完成"按钮。在"主页"选项卡中单击"拉伸"按钮，弹出"拉伸"对话框。单击对话框中的"选择曲线"，然后选择三个直径为7mm的圆，在"指定矢量"中单击"反向"按钮，在结束"距离"文本框中输入"15"，在"布尔"下拉列表中选择"减去",单击"应用"按钮,如图 6-162 所示,单击"应用"按钮。再选择 3 个直径为 11mm 的圆,在"指定矢量"中单击"反向"按钮,在结束"距离"文本框中输入"8",在"布尔"下拉列表中选择"减去",单击"确定"按钮,完成螺钉孔的创建,如图 6-163 所示。

图 6-160 草绘平面

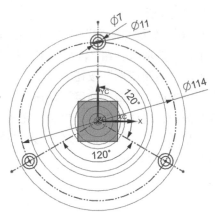

图 6-161 草图截面

图 6-162 参数设置

图 6-163 创建定位螺钉孔

（2）创建分流道

1）设计分流道引线。在"装配导航器"中隐藏其他零件,仅显示型腔。选择"注塑模向导"选项卡,在"主要"工具栏中单击"流道"按钮,弹出"流道"对话框。在"引导"选项组中单击"绘制截面"按钮,弹出"创建草图"对话框。默认设置,单击"确定"按钮,进入草绘界面。利用草绘工具绘制图 6-164 所示的草图截面,确认无误后,单击"完成"按钮,返回"流道"对话框。参数设置如图 6-165 所示,单击"确定"按钮,系统自动创建梯形流道特征,如图 6-166 所示。

2）分流道开腔。单击"腔"按钮,弹出"开腔"对话框。在图形窗口中选择型腔固定板（A 板）为目标体,单击鼠标滚轮,在"工具类型"下拉列表中选择"实体",选择流道体为工具体。单击"确定"按钮,完成分流道槽的创建,如图 6-167 所示。

3）创建 A 板冷料穴。选择 A 板并单击鼠标右键,选择"在窗口中打开"。单击"菜单"→"插入"→"设计特征"→"圆锥"命令,弹出"圆锥"对话框。参数设置如图 6-168

所示,在"指定矢量"中单击"反向"按钮⊠;单击"指定点",捕捉图 6-167 所示圆弧的圆心;在"布尔"下拉列表中选择"减去";单击"选择体",选择 A 板,最后单击"确定"按钮,结果如图 6-169 所示。

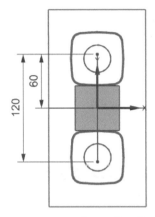

图 6-164　分流道引线草图截面

图 6-165　"流道"对话框

图 6-166　流道特征

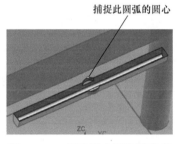

图 6-167　型腔固定板分流道槽

图 6-168　"圆锥"对话框

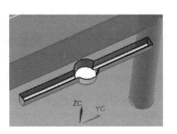

图 6-169　型腔固定板冷料穴

（3）创建浇口

1）添加浇口。在"注塑模向导"选项卡中单击"设计填充"按钮，弹出"重用库"资源选项卡、"设计填充"对话框及"信息"窗口，如图6-170所示。在"重用库"资源选项卡中，"成员选择"选择"Gate[Pin three]"（点浇口）。在"设计填充"对话框中，"详细信息"中的参数设置如图6-170所示；然后定义浇口起始点，在"放置"选项组中单击"选择对象"按钮，再选取图6-171所示的塑件上表面圆心，单击"应用"按钮，完成一个浇口的创建。再勾选对话框中的"复制实例"，捕捉另一个塑件上表面圆心，单击"确定"按钮，完成另一个浇口的创建。

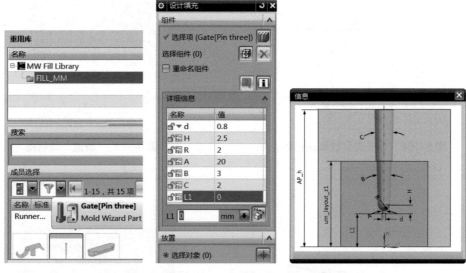

图6-170　"重用库"资源选项卡、"设计填充"对话框及"信息"窗口

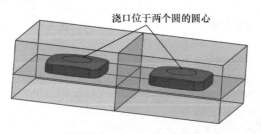

图6-171　点浇口的位置

2）由于浇口顶端过长，需要修剪。双击浇口组件，将其设为工作部件。单击"主页"选项卡，在"同步建模"工具栏中单击"替换面"按钮，弹出"替换面"对话框。选择浇口上端面为原始面，选择分流道上表面为替换面，如图6-172所示，单击"确定"按钮。按照上述步骤，再修剪替换另一个浇口，效果如图6-173所示。

3）切割浇口。在"装配导航器"中双击"化妆品

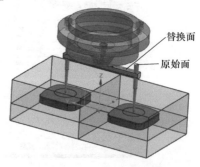

图6-172　添加的浇口效果

盖_top"节点，设置其为工作部件。单击"菜单"→"插入"→"组合"→"装配切割"命令，弹出"装配切割"对话框。在图形窗口中选择A板和型腔为目标体，单击鼠标滚轮确认，选择已创建的两个点浇口为工具体，单击"确定"按钮，完成对A板、型腔的开腔，如图6-174所示。

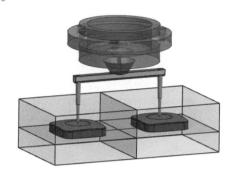 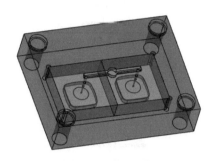

图6-173 浇口修剪完成后的状态　　　　图6-174 A板、型腔零件开腔

9. 创建推出机构

（1）添加顶杆　根据塑件的结构采用ϕ6mm的顶杆，每腔用四个顶杆推出。在"装配导航器"中隐藏其他零件，仅显示动模部分的零件。在"注塑模向导"选项卡中单击"标准件库"按钮，弹出"信息"窗口、"标准件管理"对话框和"重用库"资源选项卡。在"重用库"列表中选择"FU-TABA_MM"下面的"Ejector Pin"，在"成员选择"列表中选择"Ejector Pin Straight [EJ EH EQ EA]"。在"标准件管理"对话框的"详细信息"列表中，设置"CATALOG"为"EJ"，其他参数设置如图6-175所示，单击"确定"按钮，弹出"点"对话框。将"XC""YC""ZC"的值分别修改为"20""-35""0"，如图6-176所示，单击"确定"按钮，在相应的坐标位置创建一个顶杆。以同样的方式在（20，-75，0）、（-20，-35，0）和（-20，-75，0）三个位置创建顶杆后，单击"取消"按钮，效果如图6-177所示。

创建推出机构

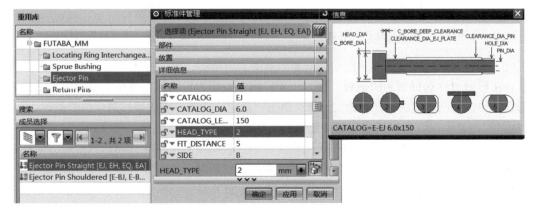

图6-175 "重用库"资源选项卡、"标准件管理"对话框及"信息"窗口

（2）修剪顶杆长度　在"注塑模向导"选项卡中单击"顶杆后处理"按钮，弹出"顶杆后处理"对话框，如图6-178所示。在"目标"中选择"化妆品盖_ej_pin"，单击"确定"按

钮，顶杆的顶面自动修剪至与型芯顶部对齐，如图6-179所示。

图6-176 "点"对话框

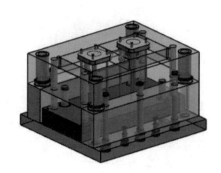

图6-177 添加顶杆效果

图6-178 "顶杆后处理"对话框

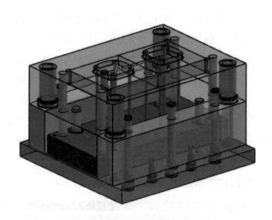

图6-179 修剪后的顶杆

（3）创建顶杆避空位 在"注塑模向导"选项卡中单击"腔"按钮，弹出"开腔"对话框。在图形窗口中选择型芯固定板、型芯、顶杆固定板作为目标体，并单击鼠标滚轮确认，在图形窗口中选择已创建的顶杆作为工具体，单击"确定"按钮，完成顶杆避空位的创建。

10. 添加树脂开闭器

添加开闭器

开闭器常用于采用点浇口的三板模模具中，在开模初始阶段，由于开闭器的作用，型腔固定板与型芯固定板暂时不能分开，而在浇口凝料拉开一段距离后再脱开。开闭器的创建方法如下。

1）创建开闭器。单击"标准件库"按钮，弹出"重用库"资源选项卡、"标准件管理"对话框和"信息"窗口。在"重用库"列表中选择"FUTABA_MM"下面的"Pull Pin"，在"成员选择"中选择"M-PLL"。在"标准件管理"对话框的"详细信息"中设置"DIAMETER"为"16"，选项设置如图6-180所示。

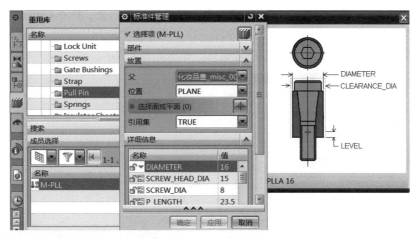

图6-180 "重用库"资源选项卡、"标准件管理"对话框及"信息"窗口

在"标准件管理"对话框中单击"选择面或平面"按钮,在图形窗口中选择型芯固定板顶面,单击"确定"按钮,弹出"标准件位置"对话框。设置"X偏置"为"0","Y偏置"为"130",如图6-181所示,单击"确定"按钮,在相应的坐标位置创建开闭器。以同样的方法,在点(0,-130)创建另外一个开闭器,如图6-182所示。

2)创建开闭器避空位。单击"菜单"→"插入"→"组合"→"装配切割"命令,弹出"装配切割"对话框。在图形窗口中选择型腔固定板(A板)、型芯固定板(B板)为目标体,并单击鼠标滚轮确认,选择创建的两个开闭器为工具,单击"确定"按钮,完成避空位的创建。

图6-181 "标准件位置"对话框　　　　图6-182 开闭器创建后的状态

11. 创建拉杆螺钉

1)添加拉杆螺钉。在模具开模时,为了限制脱料板与型腔固定板、定模座板之间的距离,需要创建定距拉杆机构。单击"注塑模向导"选项卡,在"主要"工具栏中单击"标准件库"按钮,弹出"重用库"资源选项卡、"标准件管理"对话框和"信息"窗口。在"重用库"列表中选择"FUTABA_MM"下面的"Screws",在"成员选择"列表中选择"SHSB [M-PBB]"。在"标准件管理"对话框中,参数设置如图6-183所示,单击"选择面或平面"按钮,并在图形窗口中选择脱料板顶面,单击"确定"按钮,弹

创建拉杆螺钉

出"标准件位置"对话框。在"X 偏置""Y 偏置"中分别输入"92""73",如图 6-184 所示,单击"应用"按钮,在相应的坐标位置添加一个拉杆螺钉。然后在"标准件位置"对话框中修改位置坐标为(92,-73)、(-92,73)、(-92,-73)并单击"应用"按钮,最后单击"取消"按钮关闭对话框,在脱料板上出现 4 个拉杆螺钉,如图 6-185 所示。

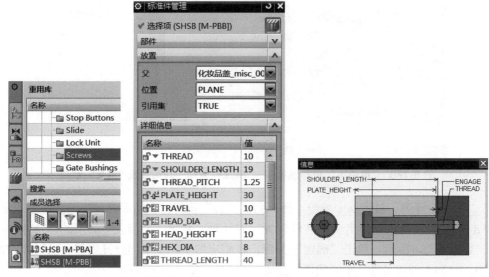

图 6-183 "重用库"资源选项卡、"标准件管理"对话框及"信息"窗口

图 6-184 "标准件位置"对话框

图 6-185 拉杆螺钉创建后的状态

2)创建拉杆螺钉避空位。在装配导航器中隐藏其他零件,仅显示定模座板,并设置其为工作部件。在"主页"选项卡中单击"拉伸"按钮，弹出"拉伸"对话框。单击鼠标滚轮,弹出"创建草图"对话框。在图形窗口中选择定模座板的顶面为草图平面,单击"确定"按钮。利用草绘工具绘制图 6-186 所示的四个圆形截面后,单击"完成"按钮，返回"拉伸"对话框。修改参数值,如图 6-187 所示,设置布尔运算为"减去",单击"确定"按钮,完成孔的创建。再次利用"拉伸"命令,在相同的草绘平面上,绘制四个直径为 13.5mm 的同心圆,拉伸深度为 30mm,设置布尔运算为"减去",最终完成的定模座板的拉杆螺钉避空位如图 6-188 所示。

在"装配导航器"中隐藏其他零件,仅显示脱料板。单击"菜单"→"插入"→"组合"→"装配切割"命令,弹出"装配切割"对话框。在图形窗口中选择脱料板和A板为目标体,并单击鼠标滚轮确认,选择创建的拉杆螺钉为工具体,取消勾选"隐藏工具"选项,单击"确定"按钮,完成脱料板上避空位的设计。

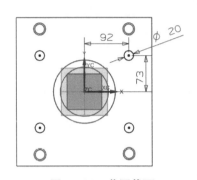

图 6-186 草图截面　　图 6-187 "拉伸"对话框　　图 6-188 创建螺钉孔后的状态

12. 添加定距分型拉杆

1)创建拉杆。在"注塑模向导"选项卡中单击"标准件库"按钮,弹出"重用库"资源选项卡、"标准件管理"对话框和"信息"窗口。在"重用库"列表中选择"FUTABA_MM"下面的"Screws",在"成员选择"列表中选择"SHSB [M-PBA]"。在"标准件管理"对话框中,参数设置如图 6-189 所示,单击"选择面或平面"按钮,在图形窗口中选择脱料板底面,单击"确定"按钮,弹出"标准件位置"对话框。分别捕捉拉杆螺钉的圆心,每一次捕捉圆心后单击"应用"按钮,最后单击"取消"按钮关闭对话框,完成4根定距分型拉杆的添加,结果如图 6-190 所示。

添加定距分型拉杆

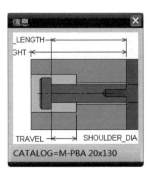

图 6-189　"重用库"资源选项卡、"标准件管理"对话框及"信息"窗口

2）创建拉杆避空位。在"装配导航器"中仅显示型腔固定板（A板），并设置其为工作部件。单击"拉伸"按钮，弹出"拉伸"对话框。单击鼠标滚轮，弹出"创建草图"对话框。在图形窗口中选择定模板的底面为草图平面，单击"确定"按钮。利用草图工具绘制图 6-191 所示的四个直径为 30mm 的圆截面后，单击"完成"按钮，返回"拉伸"对话框。修改参数值，如图 6-192 所示，设置布尔运算为"减去"，单击"确定"按钮，完成孔的创建。再次利用"拉伸"命令，在相同的草图平面上绘制四个直径为 21mm 的同心圆，拉伸深度为 70mm，设置布尔运算为"减去"，最终完成的型腔固定板拉杆的避空位如图 6-193 所示。

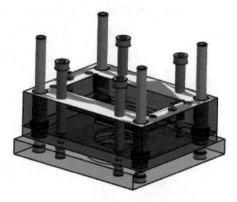

图 6-190　添加定距分型拉杆后的状态

以同样的方式和相同的长、宽尺寸，以型芯固定板上表面为草图平面绘制四个直径为 30mm 的圆截面，深度贯通模板，切割型芯固定板，结果如图 6-194 所示。

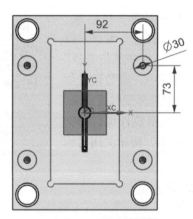

图 6-191　草图截面

图 6-192　"拉伸"对话框

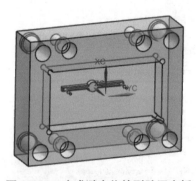

图 6-193　完成避空位的型腔固定板

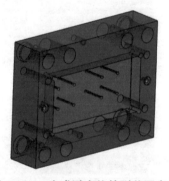

图 6-194　完成避空位的型芯固定板

13. 添加紧固螺钉和创建冷却回路

添加紧固螺钉和创建冷却回路的步骤和任务 1 中的方法相同，这里不再累述。

6.4 训练项目

1）完成图 6-195 所示碗模型的分模训练（零件模型文件：wan.prt）。

图 6-195 碗

2）完成图 6-196 所示壳体模型的模具设计训练（零件模型文件：keti.prt）。

图 6-196 壳体

项目 7

肥皂盒型腔零件和护膝型芯零件数控加工

◎知识目标
1）掌握模具成型零件及电极零件的数控加工程序的自动编制。
2）掌握 NX 12.0 软件数控加工程序自动编制的步骤和方法。

◎技能目标
1）会合理选择切削刀具和切削参数。
2）会制订零件的数控铣削加工工艺。
3）会对刀具切削轨迹进行校核和优化。
4）会根据机床及数控系统进行后置处理，生成满足生产要求的数控加工程序。

◎素质目标
1）树立吃苦耐劳和热爱劳动的精神。
2）增强安全意识和责任意识。

7.1 工作任务

数控加工技术已广泛应用于模具制造业，如数控铣削、镗削、车削、线切割和电火花加工等，其中数控铣削是复杂模具零件的主要加工方法。本项目主要讲解如何利用 NX 12.0 软件编制模具零件及电极零件数控加工程序。在编制加工程序时，选择合理的工艺参数是编制高质量加工程序的前提。

本项目分别以肥皂盒型腔零件（图 7-1）、护膝型芯零件（图 7-2）为例，讲解模具零件的数控加工方法，同时在操作中强化安全意识，树立吃苦耐劳、热爱劳动以及精益求精的精神。

图 7-1 肥皂盒型腔零件

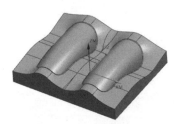

图 7-2 护膝型芯零件

7.2 相关知识

7.2.1 NX 12.0 数控加工的一般步骤

数控编程的过程是指从加载毛坯、定义工序加工对象、选择刀具,到定义加工方法并生成相应的加工程序,然后依据加工程序的内容(如加工对象的具体参数、切削方式、切削步距、主轴转速、进给量、切削角度、进退刀点及安全平面等详细内容)来确立刀具轨迹的生成方式,继而进行仿真加工,对刀具轨迹进行相应的编辑;待所有的刀具轨迹设计合格后,最后进行后处理,生成相应数控系统的加工代码,并进行 DNC 传输与数控加工的过程。

7.2.2 进入 NX 12.0 加工模块

在进行数控加工操作之前,需要进入 NX 12.0 数控加工环境。首先打开要加工的模型文件,进入建模环境,然后在"应用模块"选项卡中单击"加工"按钮 ,弹出"加工环境"对话框,如图 7-3 所示。选择操作模板类型,在"要创建的 CAM 组装"列表中选择相应的选项,单击"确定"按钮,系统进入加工操作环境。

"cam_general"加工环境是一个基本加工环境,包括了所有的铣削加工、车削加工及线切割加工功能,是最常用的加工环境。选择"要创建的 CAM 组装"列表中的模板选项,将决定加工环境初始化后可以选用的操作类型,也决定了在生成程序、刀具、方法、几何体时可选的父节点类型。在以后的操作中,单击"菜单"→"工具"→"工序导航器"→"删除组装"命令,弹出"组装删除确认"对话框;单击"确定"按钮,这时系统将再次弹出"加工环境"对话框,可以重新进行操作模板类型的选择。

图 7-3 "加工环境"对话框

7.2.3 NX 12.0 中的 CAM 模块常用铣削类型

1. 平面铣

平面铣操作用于创建可去除平面层中的材料量的刀轨,这种操作类型常用于粗加工,为精加工操作做准备;也可以用于精加工零件的表面及垂直于底平面的侧面。平面铣可以不需要做出完整的造型,而只依据平面图形直接生成刀具路径。

(1)平面铣的加工特点和应用 平面铣只能加工与刀轴垂直的几何体,所以平面铣加工出的是直壁垂直于底面的零件。刀轨是利用在垂直刀轴的平面内生成的二轴刀轨,通过多层二轴刀轨一层一层地切削材料,每一层刀轨被称为一个切削层。刀轴相对于工件平面不发生变化,属于固定轴加工。

1)平面铣的加工特点。刀轴垂直于 XY 平面,即在切削过程中机床两轴联动,而 Z 轴方向只在完成一层加工后进入下一层时才做单独的运动。普通的数控铣即可满足加工。

采用定义边界几何的方法来约束刀具运动的区域,调整方便,能较好地控制刀具在边界上的位置。

2）平面铣的应用。平面铣用于加工直壁、平底的工件，可加工直壁的且岛屿的顶面和槽腔的底面为平面的零件。可以用于粗加工，也可以用于精加工，如加工产品的基准面、内腔的底面、敞开的外形轮廓等。在薄壁结构件的加工中，使用平面铣是一种2.5轴的加工方式，它在加工过程中产生水平方向的X、Y两轴联动，而在Z轴方向，只有完成一层加工后进入下一层时才做单独运动。通过设置不同的切削方法，平面铣可以完成挖槽或者轮廓外形加工。

（2）平面铣的几何体的类型 平面铣的几何体边界用于计算刀具轨迹，定义刀具运动的范围，而以底平面控制刀具切削的深度。几何体边界中包括"指定部件边界""指定毛坯边界""指定检查边界""指定修剪边界""指定底面"5种类型，如图7-4所示。

1）指定部件边界：是平面铣最重要的参数，用于定义加工完成后的工件形状。对于平面铣，可为开放边界，也可为封闭边界，有4种定义模式。可以通过选择"面""曲线""点""永久边界"定义部件边界，如图7-5所示。"面"是作为一个封闭的边界来定义的，当通过"曲线"和"点"来定义部件边界时，边界有封闭和开放之分。

2）指定毛坯边界：用于定义将被加工的材料的范围，控制刀轨的加工范围。对于平面铣，只能选择边界，且必须是封闭边界。当部件边界和毛坯边界都定义时，系统根据毛坯边界和部件边界共同定义的区域定义刀具运动的范围。毛坯几何体可以不被定义。

3）指定检查边界：用于定义刀具不能碰撞的位置，如压铁、机用虎钳等，必须是封闭边界，也可以用于进一步控制刀具轨迹的加工范围。

图7-4 "平面铣"对话框

图7-5 "部件边界"对话框

4）指定修剪边界：修剪几何体用于进一步控制刀具的运动范围，用于修剪刀具轨迹，去除修剪边界内侧或外侧的刀具轨迹，必须是封闭边界。修剪几何体和检查几何体都用于更好地控制加工刀具轨迹的范围，都可以设定余量，它们的区别在于检查边界避免被切削，需要计算刀具轨迹,且要考虑检查边界的深度,而修剪边界只是对刀具轨迹的单纯修剪。修剪几何体可以不被定义。

5)指定底面：用于定义平面铣加工最低的切削面,只用于平面铣操作,且必须被定义。如果没有定义底面,平面铣将无法计算切削深度。可以直接在工件上选取水平的表面作为底平面,也可以将选取的表面补偿一定距离后作为底平面,或者指定 3 个主平面（XC-YC、YC-ZC、ZC-XC）偏置一段距离的平行平面作为底平面。

（3）平面铣边界的创建　平面铣的边界定义有 4 种模式,分别是"面""曲线""点""永久边界"。比较这 4 种定义模式,可以发现它们有以下 4 个关键参数。

1)"平面"：所有边界都是二维的,即在同一平面上,而创建边界的曲线、边、点等可以在不同平面,此时就需要定义投影平面。投影平面有"自动"和"用户定义"两种方式,当选择"自动"时,系统将使用前面选择的曲线或点来建立平面；当选择"用户定义"时,系统将调用平面构造器定义投影平面。

2)"边界类型"：边界可以是开放的,也可以是封闭的。

3)"刀具侧"：用于定义材料的保留侧,当边界开放时,可定义为左或右；当边界封闭时,可定义为内侧或外侧。

4)"永久边界"：在以"永久边界"模式定义平面铣边界时,只能选择已定义的永久边界,其他 3 种模式定义的是临时边界。比较两种边界,永久边界可重复使用,而临时边界更便于编辑,通常使用的是临时边界。

（4）步距　步距通常也称为行间距,是两个切削路径之间的间隔距离。间隔距离是指在 XY 平面上,铣削的刀具轨迹间的相隔距离。步距的确定需要考虑刀具的承受能力、加工后的残余材料量、切削负荷等因素。在粗加工时,步距最大可以设置为刀具有效直径的 90%。在平行切削的切削方式下,步距是指两行间的间距；而在环绕切削方式下,步距是指两环间的间距。NX 12.0 提供了 4 种设定步距的方式。

1)"恒定"：指定相邻的刀具轨迹间隔为固定的距离。当以恒定的常数值作为步距时,需要在下方的"距离"文本框中输入其相隔的距离数值。

2)"残余高度"：根据在指定的间隔刀具轨迹之间,刀具在工件上造成的残料高度来计算刀具轨迹的间隔距离。该方法需要输入允许的最大残余波峰高度值。这种设置方法可以由系统自动计算为达到某一表面粗糙度值而采用的步距,特别适用于使用球头刀进行加工时步距的计算。

3)"% 刀具平直"：指定相邻的刀具轨迹间隔为刀具直径的百分比。该方法需要输入百分比数值,是较为常用的方法。

4)"多重变量"：可以设定几个不同步距大小的刀路,以提高加工效率。

（5）切削层　定义平面铣操作类型有 5 种方式,分别是"用户定义""仅底面""底面及临界深度""临界深度""恒定"。

1)"用户定义"：允许用户定义切削深度,选择该选项时,对话框下部的所有参数选项均被激活,可在对应的文本框中输入数值。这是最为常用一种切削深度定义方式。

2)"仅底面"：只在底平面建立一个切削层。

3)"底面及临界深度"：切削层的位置在岛屿的顶面和底平面上,刀具局限在岛屿的边界内部切削。

4)"临界深度":在工件每个岛屿的顶部创建一个切削层,同时也会在底平面上创建切削层。

5)"恒定":只设定一个最大的切削深度值,除最后一层的切削深度可能小于最大深度外,其余层的切削深度都等于最大切削深度值。

(6)切削参数设置

1)策略。

◆ "深度优先":切削完工件上某个区域的所有切削层后,再进入下一个切削区域进行切削。

◆ "层优先":将全部切削区域中的同一高度层切削完后,再进入下一个切削层进行切削。

2)余量。该选项用于设置当前操作完成后材料的保留量,或者是各种边界的偏移量。

◆ "部件余量":是指在当前平面铣削结束时,留在工件周壁上的余量。通常在进行粗加工或半精加工时,会留一定的部件余量。

◆ "最终底面余量":是指完成当前加工操作后保留在腔底和岛屿顶部的余量。

◆ "毛坯余量":是指刀具定位点与所创建的毛坯几何体之间的距离。

◆ "检查余量":是指刀具与已定义的检查边界之间的余量。

◆ "裁剪余量":是指刀具与已定义的修剪边界之间的余量。

2. 型腔铣

(1)型腔铣与平面铣比较

1)相同点。

① 二者的刀轴都垂直于切削层平面。

② 刀具轨迹的切削方法相同,对话框中的切削模式选项相同。

③ 切削区域的开始点控制和进刀/退刀选项相同。可以定义每层的切削区域开始点,提供多种方式的进刀/退刀功能。

2)不同点。

① 平面铣采用边界定义零件几何体。边界是一种几何实体,可用曲线、面(平面的边界)、点定义临时边界,或选用永久边界。而型腔铣可采用任何几何体、曲面区域和平面模型来定义零件几何体。

② 切削层深度的定义不相同。平面铣通过所指定的边界和底面的高度差来定义总的切削深度,并且有5种方式定义切削深度。而型腔铣通过毛坯几何体和部件几何体来定义切削深度。

(2)型腔铣的选用 型腔铣适用于非直壁的、岛屿的顶面和槽腔的底面为平面或曲面的零件加工。而对于模具的型腔及其他带有复杂曲面的零件的粗加工,多选用岛屿的顶平面和槽腔的底平面之间为切削层,在每一个切削层上,根据切削层平面与毛坯和零件几何体的交线来定义切削范围,这在数控加工中应用最为广泛。

(3)切削模式 指加工过程中刀具轨迹的分布形式,NX 12.0 提供了以下7种切削模式。

1)跟随部件:跟随部件也称为沿零件切削,是通过对所有指定的零件几何体进行偏置来产生刀具轨迹。跟随部件可以根据部件的外轮廓生成刀具轨迹,也可以根据岛屿和型腔的外围边界线生成刀具轨迹。所以无须进行"岛清理"的设置,一般优先选用。

2)跟随周边:跟随周边也称为沿外轮廓切削,用于创建一条沿着轮廓顺序的、同心的刀具轨迹。它是通过对外轮廓区域的偏置得到的,当内部偏置的形状产生重叠时,它们将被合并为一条轨迹,再重新进行偏置产生下一条轨迹。所有的轨迹在加工区域中都以封闭的形式呈现。此选项与往复式切削一样,能维持刀具在步距运动期间连续地进给,以产生最大化的材料切除量。

3)轮廓切削：用于创建一条或者指定数量的刀具轨迹来完成零件侧壁或轮廓的切削。它能用于敞开区域和封闭区域的加工。

4)摆线：其目的在于通过产生一个小的回转圆圈,避免在切削过程中全刀切入时切削的材料量过大。摆线加工可用于高速加工,以较低且相对均匀的切削负荷进行粗加工。

5)单向：用于创建平行且单向的刀具轨迹。此选项能始终维持顺铣或者逆铣切削,并且在连续的刀具轨迹之间没有沿轮廓的切削。刀具在切削轨迹的开始点进刀,切削到切削轨迹的终点,然后刀具回退至转换平面高度,转移到下一行轨迹的开始点,刀具开始以同样的方向进行下一行切削。

6)往复：用于创建往复平行的切削刀具轨迹。这种切削方法允许刀具在步距运动期间保持连续的进给运动,没有抬刀,能最大化地对材料进行切除,是最经济和节省时间的切削运动。

7)单向轮廓：用于创建平行的、单向的、沿着轮廓的刀具轨迹,始终维持顺铣或者逆铣切削。它与单向切削类似,但是下刀是在前一行的起始点位置,然后沿轮廓切削到当前行的起点,再进行当前行的切削,切削到端点时,沿轮廓切削到前一行的端点,然后抬刀到转移平面,再返回到当前行的起点下刀,进行下一行的切削。

3. 固定轮廓铣

固定轮廓铣是一种用于由轮廓曲面所形成区域的精加工方式,它通过精确控制刀轴和投影矢量,使刀具沿着非常复杂的曲面轮廓进行切削运动。固定轮廓铣通过定义不同的驱动几何体来产生驱动点阵列,并沿着指定的投影矢量方向投影到几何体上,然后将刀具定位到部件几何体以生成刀具轨迹。

4. 清根处理

清根加工是刀具沿面之间凹角运动的曲面加工类型。清根加工主要针对大尺寸刀具不能进入的部位进行残料加工。因此清根加工的刀具直径小,且在精加工之后使用。

(1)驱动几何体　系统根据部件曲面之间的双切点和凹角决定应用清根的位置,能够以任何顺序选择曲面。需要时,可以选择部件的所有表面。"清根驱动方法"对话框如图7-6所示。

1)"最大凹度"：用于输入创建自动清根操作的最大凹角值,也就是只在凹角小于或等于输入值的区域产生自动清根刀具路径。刀具在凹角大于指定的最大凹角处自动退刀,并跨越到另一个小于最大凹角值的地方,再进行进刀切削。

2)"最小切削长度"：用于输入产生刀具路径的最小切削长度。如果系统计算的刀具路径长度小于该值,则此刀具路径将被忽略。

3)"合并距离"：用于输入连接刀具路径的最小距离。

图7-6 "清根驱动方法"对话框

如果两条刀具路径之间的距离小于或等于该值，则把这两条刀具路径连接起来，这样可以去除刀具路径中小的不连续性或不需要的缝隙。

（2）清根类型　自动清根类型有3种形式，分别为"单刀路""多刀路"和"参考刀具偏置"。刀具与工件存在双接触点是自动清根的必要条件。

1）"单刀路"：单刀路将沿着凹角产生一个刀具路径，选择此选项，不会激活任何清根的附加刀具输出参数选项。

2）"多刀路"：该选项允许指定偏置数和偏置之间的步进距离，这样可在中心自动清根的任意侧产生多个刀具路径。

3）"参考刀具偏置"：该选项可以指定一个参考刀具直径，从而定义要加工区域的整个宽度，再定义刀路之间的步进距离，这样便可以在中心两侧产生多条刀具路径。该选项主要用于在使用大（参考）刀具对区域进行粗加工后的清理加工。

（3）参考刀具　只有在清根类型为"参考刀具偏置"时，该选项组才能被激活。在该选项组中可定义参考刀具的直径和重叠距离。

1）"参考刀具"：是根据粗加工球刀的直径来指定精加工切削区域宽度的选项，用于指定一个参考刀具（先前粗加工的刀具），系统根据指定的参考刀具直径计算双切点，然后用这些点来定义精加工的切削区域。输入的参考刀具直径必须大于当前操作所使用的刀具直径。

2）"重叠距离"：用于定义沿着相切曲面延伸且由参考刀具直径定义的区域的宽度。

7.3　任务实施

任务1　肥皂盒型腔零件数控加工编程

肥皂盒型腔
数控加工编程

（1）导入工件　启动NX 12.0，单击"打开文件"按钮，然后打开零件模型文件（肥皂盒型腔.prt），单击"OK"按钮。

（2）进入加工环境　单击"应用模块"选项卡中的"加工"按钮，弹出"加工环境"对话框，如图7-7所示。在"要创建的CAM组装"列表中选择"mill_contour"选项，单击"确定"按钮，进入加工环境。

（3）设置工序导航器　单击界面左侧资源条中的"工序导航器"按钮，打开"工序导航器"。单击左侧"资源条"并勾选"销住"，锁定"工序导航器"。在"工序导航器"空白处单击鼠标右键，在打开的快捷菜单中单击"几何视图"命令，则工序导航器如图7-8所示。

（4）设定坐标系和安全高度　在"工序导航器"中，双击坐标系 MCS_MILL，弹出"MCS铣削"对话框，如图7-9所示。在"机床坐标系"选项组中单击"坐标系对话框"按钮，弹出"坐标系"对话框，如图7-10所示。在"参考"下拉列表中选择"WCS"，单击"确定"按钮，返回"MCS铣削"对话框。在"安全设置选项"下拉列表中选择"平面"，然后单击肥皂盒上表面，并在"距离"文本框中输入值"15"，如图7-11所示，单击"确定"按钮，完成坐标系和安全高度的设定。

项目 7　肥皂盒型腔零件和护膝型芯零件数控加工

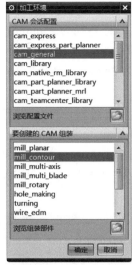

图 7-7　"加工环境"对话框

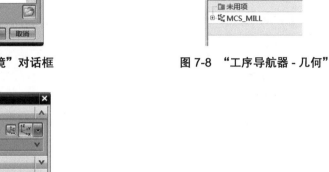

图 7-8　"工序导航器 - 几何"

图 7-9　"MCS 铣削"对话框

图 7-10　"坐标系"对话框

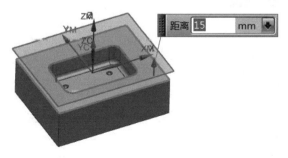

图 7-11　坐标系位置

（5）创建刀具　单击"主页"选项卡，然后单击"刀片"工具栏中的"创建刀具"按钮，打开"创建刀具"对话框。默认"刀具子类型"为铣刀，在"名称"文本框中输入"D25"，如

图 7-12 所示,单击"应用"按钮,打开"铣刀-5 参数"对话框。在"直径"文本框中输入"25",如图 7-13 所示,单击"确定"按钮,这样就创建了一把直径为 25mm 的平铣刀。用同样的方法创建直径为 16mm、下半径为 0.8mm 的圆角铣刀 D16R0.8,直径为 10mm、下半径为 5mm 的球头铣刀 D10R5,直径为 8mm 的平底刀 D8,直径为 2mm、下半径为 1mm 的球头铣刀 D2R1。

(6)创建方法 单击"刀片"工具栏中的"创建方法"按钮,打开"创建方法"对话框。在"名称"文本框中输入"MILL_0.5",如图 7-14 所示,单击"确定"按钮,打开"铣削方法"对话框。在"部件余量"文本框中输入"0.5",如图 7-15 所示,单击"确定"按钮。重复以上操作,在"创建方法"对话框中设置"名称"分别为"MILL_0.3"和"MILL_0","部件余量"分别为"0.3"和"0"。

图 7-12 "创建刀具"对话框

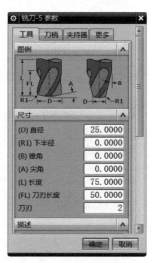

图 7-13 "铣刀-5 参数"对话框

图 7-14 "创建方法"对话框

图 7-15 "铣削方法"对话框

(7)创建部件几何体 在"工序导航器"中单击 MCS_MILL 前的"+"号,展开坐标系

项目 7　肥皂盒型腔零件和护膝型芯零件数控加工

父节点。双击父节点下的"WORKPIECE",打开"工件"对话框,如图 7-16 所示。首先选取部件几何体,单击按钮 ,弹出"部件几何体"对话框。在绘图区选择肥皂盒型腔零件作为部件几何体,单击"确定"按钮,回到"工件"对话框。

(8) 创建毛坯几何体　在"工件"对话框中单击按钮 ,弹出"毛坯几何体"对话框。在"类型"下拉列表中选择"包容块",如图 7-17 所示,单击两次"确定"按钮关闭对话框,返回主界面。

图 7-16　"工件"对话框

图 7-17　"毛坯几何体"对话框

(9) 创建型腔铣　在"主页"选项卡中单击"创建工序"按钮 ,弹出"创建工序"对话框。"工序子类型"选择"型腔铣"(默认),其他参数的设置如图 7-18 所示,单击"确定"按钮,打开"型腔铣"对话框。

1) 设定型腔铣参数。如图 7-19 所示,在"型腔铣"对话框中。设置"最大距离"为"1"。单击"进给率和速度"按钮 ,弹出"进给率和速度"对话框;在"主轴速度"文本框中输入"800",如图 7-20 所示,单击"确定"按钮,返回"型腔铣"对话框。单击"切削参数"按钮 ,弹出"切削参数"对话框;在"策略"选项卡中设置"切削顺序"为"深度优先",如图 7-21 所示,单击"确定"按钮,返回"型腔铣"对话框。

图 7-18　"创建工序"对话框

图 7-19　"型腔铣"对话框

图 7-20 "进给率和速度"对话框

图 7-21 "切削参数"对话框

2)单击"非切削移动"按钮，弹出"非切削移动"对话框；参数设置如图 7-22 所示，单击"确定"按钮，返回"型腔铣"对话框。

3)在"操作"选项组中单击"生成"按钮，将生成加工刀具路径，如图 7-23 所示。再单击"确认"按钮，弹出"刀轨可视化"对话框；选择"3D 动态"选项卡，单击其中的"播放"按钮，系统开始模拟加工的全过程，效果如图 7-24 所示。

图 7-22 "非切削移动"对话框

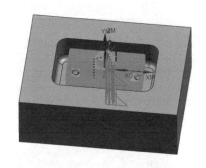

图 7-23 加工刀具路径

图 7-24 型腔铣切削仿真效果（1）

（10）复制并设置刀路　在"工序导航器 - 几何"中复制刀路"CAVITY_MILL"，并在其下粘贴，如图 7-25 所示。然后双击复制的刀路，在弹出的"型腔铣"对话框中修改参数，在"刀具"下拉列表中选择圆角刀"D16R0.8";在"方法"下拉列表中选择"MILL_0.3";在"最大距离"文本框中输入"0.5",如图7-26所示。单击"型腔铣"对话框中的"切削参数"按钮,弹出"切削参数"对话框;在"空间范围"选项卡中设置"过程工件"为"使用3D",如图7-27所示,单击"确定"按钮,返回"型腔铣"对话框,单击"进给率和速度"按钮,弹出"进给率和速度"对话框;在"主轴速度"文本框中输入"1000",在"切削"文本框中输入"500",单击计算器按钮后,单击"确定"按钮,返回"型腔铣"对话框。单击"生成"按钮,生成加工刀具路径。单击"确认"按钮,弹出"刀轨可视化"对话框;选择"3D动态"选项卡,单击其中的"播放"按钮▶,系统开始模拟加工的全过程,效果如图7-28所示。

图 7-25 复制型腔铣操作

图 7-26 修改型腔铣参数

图 7-27 "切削参数"对话框

图 7-28 型腔铣切削仿真效果(2)

(11)创建等高轮廓铣削,铣削型腔侧壁 在"刀片"工具栏中单击"创建工序"按钮,进入"创建工序"对话框。在"创建工序"对话框中设置"类型"为"mill_contour","工序子类型"为"深度轮廓铣",其他参数设置如图7-29所示,单击"确定"按钮,弹出"深度轮廓铣"对话框,如图7-30所示。单击"指定切削区域"中的按钮,进入"切削区域"对话框;框选型腔内部表面,然后单击"确定"按钮,返回"深度轮廓铣"对话框。在"刀轨设置"

选项组中,设置,"公共每刀切削深度"为"恒定","最大距离"为"0.2"。单击"非切削移动"按钮,进入"非切削移动"对话框;单击"进刀"选项卡,参数设置如图7-31所示,单击"确定"按钮,返回"深度轮廓铣"对话框。单击"进给率和速度"按钮,进入"进给率和速度"对话框;设置"主轴速度"为"1500","切削"为"800",单击"确定"按钮,返回"深度轮廓铣"对话框。在"深度轮廓铣"对话框中单击"生成"按钮,生成加工刀路,如图7-32所示。

图7-29 "创建工序"对话框

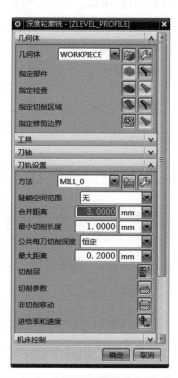

图7-30 "深度轮廓铣"对话框

图7-31 "非切削移动"对话框

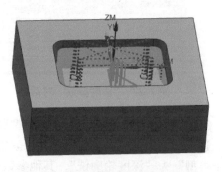

图7-32 深度轮廓铣侧壁加工刀路

（12）创建底壁铣，铣削型腔内底面 在"刀片"工具栏中单击"创建工序"按钮，进入"创建工序"对话框。在"创建工序"对话框中设置"类型"为"mill_planar"，"工序子类型"为"底壁铣"，"位置"选项组中的参数设置如图7-33所示，单击"确定"按钮，弹出"底壁铣"对话框，如图7-34所示。单击"指定切削区底面"按钮，进入"切削区域"对话框；选择型腔内部底面，如图7-35所示，单击"确定"按钮，返回"底壁铣"对话框。在"切削模式"下拉列表中选择"跟随周边"，在"步距"下拉列表中选择"恒定"。单击"进给率和速度"按钮，进入"进给率和速度"对话框；设置"主轴速度"为"1800"，"切削"为"800"，单击"确定"按钮，返回"底壁铣"对话框。单击"生成"按钮，生成加工刀路，如图7-36所示。

图7-33 "创建工序"对话框

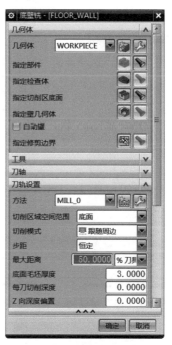

图7-34 "底壁铣"对话框

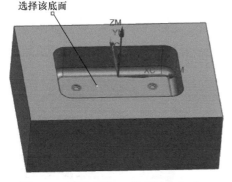

图7-35 选择要加工的型腔内部底面

图7-36 生成加工刀路

（13）对4个小凹坑进行清根加工 单击"创建工序"按钮，弹出"创建工序"对话框。

"类型"选择"mill_contour","工序子类型"选择"清根参考刀具"，其他参数的设置如图 7-37 所示，单击"确定"按钮，弹出"清根参考刀具"对话框，如图 7-38 所示。单击"指定切削区域"中的按钮，弹出"切削区域"对话框；选择 4 个小凹坑表面，如图 7-39 所示，单击"确定"按钮，返回"清根参考刀具"对话框。单击"方法"右侧的"编辑"按钮，弹出"清根驱动方法"对话框；参数设置如图 7-40 所示，单击"确定"按钮，返回"清根参考刀具"对话框。单击"进给率和速度"按钮，弹出"进给率和速度"对话框；设置"主轴速度"为"2500"。单击"确定"按钮，返回"清根参考刀具"对话框。单击"生成"按钮，生成加工刀路，如图 7-41 所示。

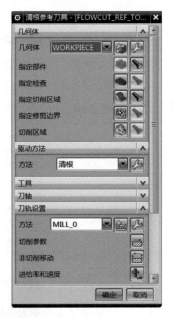
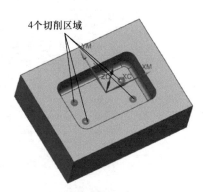

图 7-37 "创建工序"对话框　　图 7-38 "清根参考刀具"对话框　　图 7-39 选择切削区域

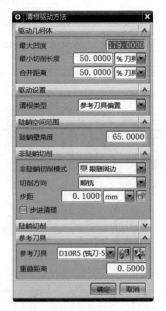
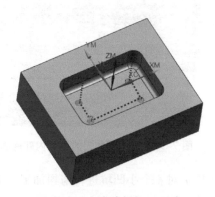

图 7-40 "清根驱动方法"对话框　　图 7-41 生成清根加工刀路

项目 7　肥皂盒型腔零件和护膝型芯零件数控加工　235

（14）后处理，输出 NC 程序　在"工序导航器"中选择"WORKPIECE"，在"主页"选项卡中单击"后处理"按钮，弹出"后处理"对话框。在"后处理器"下拉列表中选择"MILL_3_AXIS"（三轴铣床），在"文件名"文本框中输入 NC 程序的名称和放置位置，在"单位"下拉列表中选择"公制 / 部件"，如图 7-42 所示，单击"确定"按钮，生成的数控程序如图 7-43 所示。最后单击"保存"按钮，保存文件。

图 7-42　"后处理"对话框

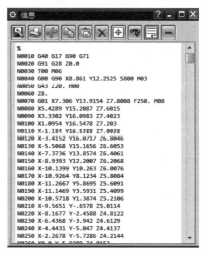

图 7-43　数控程序

任务 2　护膝型芯零件数控加工编程

（1）导入工件　启动 NX 12.0，单击"打开文件"按钮，然后打开零件模型文件（护膝型芯.prt），单击"OK"按钮。

（2）进入加工环境　单击"应用模块"选项卡中的"加工"按钮，弹出"加工环境"对话框。在"要创建的 CAM 组装"中选择"mill_contour"选项，如图 7-44 所示，单击"确定"按钮，进入加工操作环境。

护膝型芯数控加工编程

（3）设置工序导航器　单击界面左侧资源条中的"工序导航器"按钮，打开"工序导航器"，再单击左上角的"资源条" 并勾选"锁住"，锁定"工序导航器"。在"工序导航器"空白处单击鼠标右键，在打开的快捷菜单中选择"几何视图"命令，则工序导航器如图 7-45 所示。

（4）设定坐标系和安全高度　在"工序导航器"中双击坐标系 MCS_MILL，打开"MCS 铣削"对话框。在"安全设置选项"下拉列表中选择"平面"，设置"指定平面"为 ，在弹出的"距离"文本框中输入"80"，即安全高度为 80mm，如图 7-46 所示，单击"确定"按钮，完成坐标系和安全高度设定。

图 7-44 "加工环境"对话框

图 7-45 "工序导航器 - 几何"

（5）创建刀具　单击"刀片"工具栏中的"创建刀具"按钮，打开"创建刀具"对话框。默认"刀具子类型"为铣刀，在"名称"文本框中输入"D25"，如图 7-47 所示，单击"应用"按钮，打开"铣刀 -5 参数"对话框。在"直径"文本框中输入"25"，如图 7-48 所示，单击"确定"按钮。这样就创建了一把直径为 25mm 的平铣刀。用同样的方法创建直径分别为 20mm 和 2mm，下半径分别为 10mm 和 1mm 的球头铣刀 SR10 和 SR1。

图 7-46 "MCS 铣削"对话框

图 7-47 "创建刀具"对话框

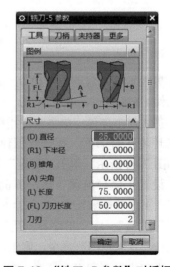

图 7-48 "铣刀 -5 参数"对话框

（6）创建方法　单击"刀片"工具栏中的"创建方法"按钮，打开"创建方法"对话框。在"名称"文本框中输入"MILL_0.5"，如图 7-49 所示，单击"确定"按钮，打开"铣削方法"对话框。在"部件余量"文本框中输入"0.5",设置"内公差""外公差"均为"0.1",如图7-50所示,单击"确定"按钮,返回"创建方法"对话框。重复以上操作,在"创建方法"对话框中设置"名称"分别为"MILL_0.3"和"MILL_0","部件余量"分别为"0.3"和"0"。

图 7-49 "创建方法"对话框

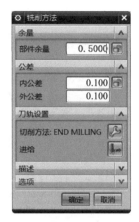

图 7-50 "铣削方法"对话框

(7)创建部件几何体 在"工序导航器"中单击 MCS_MILL 前的"+",展开坐标系父节点,再双击其下的"WORKPIECE",打开"工件"对话框,如图7-51所示。首先选取部件几何体,单击"指定部件"中的按钮，弹出"部件几何体"对话框。在绘图区选择护膝型芯作为部件几何体,单击"确定"按钮,回到"工件"对话框。

(8)创建毛坯几何体 在"工件"对话框中,单击"指定毛坯"中的按钮，弹出"毛坯几何体"对话框。在"类型"中选择"包容块",在"ZM+"中输入"1",如图7-52所示,单击两次"确定"按钮,返回主界面。

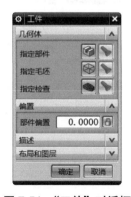

图 7-51 "工件"对话框

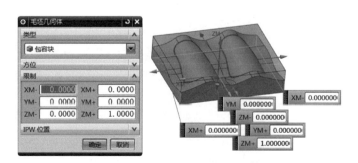

图 7-52 "毛坯几何体"对话框

(9)创建型腔铣 在"主页"选项卡中单击"创建工序"按钮，弹出"创建工序"对话框。"工序子类型"默认选择"型腔铣",其他参数的设置如图7-53所示,单击"确定"按钮,弹出"型腔铣"对话框。

1)设置型腔铣参数。如图7-54所示,在"型腔铣"对话框中设置"切削模式"为"跟随周边","最大距离"为"1mm"。单击"进给率和速度"按钮▨,在弹出的对话框中设置"主轴速度"为"800",如图7-55所示,单击"确定"按钮,返回"型腔铣"对话框。单击"切削参数"按钮▨,弹出"切削参数"对话框;选择"策略"选项卡,设置"切削顺序"为"深度优先",如图7-56所示,单击"确定"按钮,返回"型腔铣"对话框。

图7-53 "创建工序"对话框

图7-54 "型腔铣"对话框

图7-55 "进给率和速度"对话框

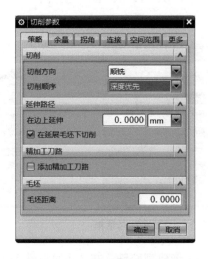

图7-56 "切削参数"对话框

2)单击"非切削移动"按钮▨,在弹出的"非切削移动"对话框中设置参数,如图7-57所示,单击"确定"按钮,返回"型腔铣"对话框。

项目 7 肥皂盒型腔零件和护膝型芯零件数控加工

图 7-57 "非切削移动"对话框

3）单击"生成"按钮，将生成加工刀具路径，如图 7-58 所示。单击"确认"按钮，弹出"刀轨可视化"对话框；选择"3D 动态"选项卡，单击"播放"按钮，系统开始模拟加工的全过程，效果如图 7-59 所示。

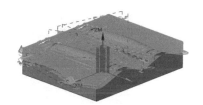

图 7-58 加工刀具路径

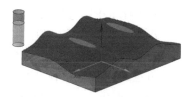

图 7-59 型腔铣切削仿真效果

（10）创建固定轮廓铣 单击"创建工序"按钮，弹出"创建工序"对话框。如图 7-60 所示，设置"类型"为"mill_contour"，"工序子类型"为"固定轮廓铣"，"程序"为"NC_PROGRAM"，"刀具"为"SR10"，"几何体"为"WORK-PIECE"，"方法"为"MILL_0.3"，"名称"为"FIXED_CON-TOUR"，单击"确定"按钮，弹出图 7-61 所示的"固定轮廓铣"对话框。在"指定切削区域"中单击按钮，再选择要加工的护膝型芯上表面。在"驱动方法"中选择"区域铣削"，弹出"区域铣削驱动方法"对话框；修改相关参数，如图 7-62 所示，单击"确定"按钮，返回"固定轮廓铣"对话框。单击"进给率和速度"按钮，在弹出的对话框中设置"主轴速度"为"1000"，"切削"进给率为"500"，单击"确定"按钮，返回"固定轮廓铣"对话框。单击"生成"按钮，生成加工刀具路径。单击"确认"按钮，弹出"刀轨可视化"对话框；选择"3D 动态"选项卡，再单击"播放"按钮，系统开始模拟加工的全过程，效果如图 7-63 所示。

图 7-60 "创建工序"对话框

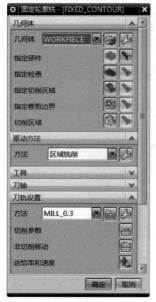
图 7-61 "固定轮廓铣"对话框

图 7-62 "区域铣削驱动方法"对话框

（11）复制并设置刀路 1 在"工序导航器"中复制刀路"FIXED_CONTOUR"，并在其下粘贴，结果如图 7-64 所示。然后双击复制的刀路，弹出"固定轮廓铣"对话框。在"驱动方法"中单击"编辑"按钮，打开"区域铣削驱动方法"对话框；在"与 XC 的夹角"中输入"135"，如图 7-65 所示，单击"确定"按钮，回到"固定轮廓铣"对话框。在"方法"中选择"MILL_0"，单击"生成"按钮，生成加工刀具路径。单击"确定"按钮，关闭对话框。

图 7-63 固定轮廓铣仿真效果

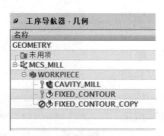
图 7-64 "工序导航器 - 几何"窗口

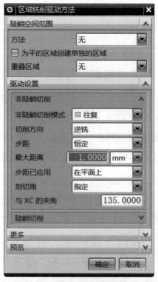
图 7-65 "区域铣削驱动方法"对话框

（12）复制并设置刀路 2　在"工序导航器"中复制刀路"FIXED_CONTOUR_COPY"，并在其下粘贴。然后双击复制的刀路，弹出"固定轮廓铣"对话框。在"刀具"中选择"SR1"，在"驱动方法"中选择"清根"，如图 7-66 所示，弹出"清根驱动方法"对话框；按图 7-67 所示设置参数，单击"确定"按钮，回到"固定轮廓铣"对话框。单击"进给率和速度"按钮，在弹出的对话框中设置"主轴速度"为"2000"，"切削"进给率为"500"，单击"确定"按钮，返回"固定轮廓铣"对话框。单击"生成"按钮，生成加工刀具路径。单击"确认"按钮，弹出"刀轨可视化"对话框；选择"3D 动态"选项卡，单击"播放"按钮，系统开始模拟加工的全过程，效果如图 7-68 所示。最后单击"确定"按钮，关闭对话框。

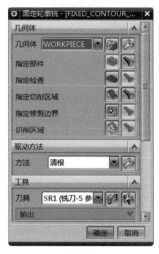  

图 7-66　"固定轮廓铣"对话框　　图 7-67　"清根驱动方法"对话框　　图 7-68　清根加工仿真效果

（13）后处理　在"工序导航器"中选择"WORKPIECE"，单击鼠标右键，在快捷菜单中选择"后处理"命令，弹出"后处理"对话框。如图 7-69 所示，在"后处理器"中选择"MILL_3_AXIS"，在"单位"中选择"公制/部件"，其余参数采用默认设置，单击"确定"按钮，即可弹出图 7-70 所示的数控程序。

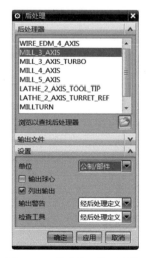 

图 7-69　"后处理"对话框　　　　　　　　　　图 7-70　数控程序

7.4 训练项目

1. 完成图 7-71 所示零件（板件 .prt）的数控加工程序的编制。
2. 完成图 7-72 所示零件（凹模 .prt）的数控加工程序的编制。

图 7-71 板件

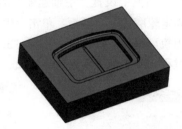

图 7-72 凹模

参 考 文 献

[1] 冯伟，谢晓华.CAD/CAM 技术：UG 应用 [M].2 版.武汉：华中科技大学出版社，2017.
[2] 朱光力，等.UG NX10.0 注塑模具设计实例教程 [M].北京：机械工业出版社，2018.
[3] 於星.注塑模具设计情境教程：UG NX 10.0 [M].大连：大连理工大学出版社，2017.
[4] 胡仁喜，刘昌丽，等.UG NX 12.0 中文版机械设计从入门到精通 [M].北京：机械工业出版社，2018.
[5] 钟日铭，等.UG NX 12.0 完全自学手册 [M].4 版.北京：机械工业出版社，2019.
[6] 北京兆迪科技有限公司.UG NX 12.0 模具设计教程 [M].北京：机械工业出版社，2019.
[7] 北京兆迪科技有限公司.UG NX 12.0 数控加工教程 [M].北京：机械工业出版社，2019.